Faroudja Meziani
Amar Kahil

Performance mécanique d'une chaussée souple par ajout des composites

I0131453

Faroudja Meziani
Amar Kahil

Performance mécanique d'une chaussée souple par ajout des composites

Amélioration des caractéristiques mécaniques d'une couche de chaussée souple par introduction des matériaux composites

Presses Académiques Francophones

Impressum / Mentions légales
Bibliografische Information der Deutschen Nationalbibliothek: Die Deutsche Nationalbibliothek verzeichnet diese Publikation in der Deutschen Nationalbibliografie; detaillierte bibliografische Daten sind im Internet über http://dnb.d-nb.de abrufbar.
Alle in diesem Buch genannten Marken und Produktnamen unterliegen warenzeichen-, marken- oder patentrechtlichem Schutz bzw. sind Warenzeichen oder eingetragene Warenzeichen der jeweiligen Inhaber. Die Wiedergabe von Marken, Produktnamen, Gebrauchsnamen, Handelsnamen, Warenbezeichnungen u.s.w. in diesem Werk berechtigt auch ohne besondere Kennzeichnung nicht zu der Annahme, dass solche Namen im Sinne der Warenzeichen- und Markenschutzgesetzgebung als frei zu betrachten wären und daher von jedermann benutzt werden dürften.

Information bibliographique publiée par la Deutsche Nationalbibliothek: La Deutsche Nationalbibliothek inscrit cette publication à la Deutsche Nationalbibliografie; des données bibliographiques détaillées sont disponibles sur internet à l'adresse http://dnb.d-nb.de.
Toutes marques et noms de produits mentionnés dans ce livre demeurent sous la protection des marques, des marques déposées et des brevets, et sont des marques ou des marques déposées de leurs détenteurs respectifs. L'utilisation des marques, noms de produits, noms communs, noms commerciaux, descriptions de produits, etc, même sans qu'ils soient mentionnés de façon particulière dans ce livre ne signifie en aucune façon que ces noms peuvent être utilisés sans restriction à l'égard de la législation pour la protection des marques et des marques déposées et pourraient donc être utilisés par quiconque.

Coverbild / Photo de couverture: www.ingimage.com

Verlag / Editeur:
Presses Académiques Francophones
ist ein Imprint der / est une marque déposée de
OmniScriptum GmbH & Co. KG
Heinrich-Böcking-Str. 6-8, 66121 Saarbrücken, Deutschland / Allemagne
Email: info@presses-academiques.com

Herstellung: siehe letzte Seite /
Impression: voir la dernière page
ISBN: 978-3-8381-4042-1

Copyright / Droit d'auteur © 2014 OmniScriptum GmbH & Co. KG
Alle Rechte vorbehalten. / Tous droits réservés. Saarbrücken 2014

MEZIANI   Faroudja & KAHIL Amar

Performance mécanique d'une chaussée souple par ajout des composites

Amélioration des caractéristiques mécaniques d'une couche de chaussée souple par introduction des matériaux composites

REMERCIEMENTS

Je tiens à exprimer mes sincères remerciements à Monsieur KAHIL Amar, Son aide et son soutien moral, indispensables pour moi, m'ont permis de tenir bon dans les moments difficiles. Il a su me soutenir et m'encourager.

Mes remerciements s'adressent, aussi, à l'ensemble du personnel du LCTP de TIZI-OUZOU qui m'ont cordialement, accueillie parmi eux. Je citerai, en particulier Monsieur NEDJAI, Directeur d'antenne, pour avoir répondu favorablement à ma demande, en m'autorisant à accéder à plein temps au laboratoire.

Je remercie, au même titre, Monsieur BOUCHAKOUR et Monsieur OUARDANI, qui m'ont fait bénéficier de leurs connaissances dans le domaine de la géotechnique.

Je ne sais pas comment formuler mes remerciements à Monsieur BENSAIBI Mohamed, le responsable du service des produits noirs du LCTP d'Alger (Hussein Dey) d'avoir fait tiennes bon nombre des difficultés que j'ai rencontrées, et de m'avoir souvent montré la voie, en mettant à ma disposition les moyens nécessaires pour effectuer les essais y affèrent à ma thèse.

Une thèse n'est pas une aventure solitaire. Aussi je tiens à exprimer ma gratitude à l'ensemble du personnel du LCTP d'Alger, pour m'avoir apporté une aide quotidienne et pour avoir consacré de nombreuses heures à m'initier aux matériaux de la route et pour bien d'autres choses encore.

Tableau des principales notations et indices

Indices	Désignations
C_u	Coefficient d'uniformité.
C_c	Coefficient de courbure.
W	Teneur èn eau.
ρ_d	Masse volumique sèche.
ρ_s	Masse volumique des grains solides.
ρ_h	Masse volumique humide.
ρ_w	Masse volumique de l'eau.
e	Indice des vides.
η	Porosité.
Sr	Degré de saturation.
W_l	Limite de liquidité.
W_p	Limite de plasticité.
I_p	Indice de plasticité.
P_h	Poids humide.
P_s	Poids sec.
γ_w	Poids volumique de l'eau.
γ_d	Poids volumique sec.
(γ_d/γ_w)	Densité sèche.
V	Volume du moule Proctor.
$I.P.I$	Indice Portant Immédiat.
$C.B.R_{imm}$	Indice C.B.R après immersion.
Δ_h	Gonflement mesuré.
H	Hauteur initiale de l'éprouvette.
G	Gonflement linéaire relatif.
$L.A$	Coefficient Los Angeles.
$M.D.E$	Coefficient Micro Deval.
ES	Equivalent de sable.
h_1	Hauteur du sable + floculat.
h_2	Hauteur du sable.
R	Résistance après 7 jours à l'air de l'éprouvette à 18°C.
r'	Résistance après 7 jours en immersion de l'éprouvette à 18°C.

SOMMAIRE

CHAPITRE III : PRESENTATION ET IDENTIFICATION DES MATERIAUX

INTRODUCTION
GENERALE

Les chaussées peuvent être définies comme étant la partie d'une voie de communication affectée à la circulation des véhicules, elles se présentent comme des structures multicouches mises en œuvre sur un ensemble appelé plate-forme support de chaussée.

Une chaussée est essentiellement destinée à supporter les actions mécaniques des véhicules et à les reporter sur le terrain de fondation sous-jacent, sans que se produisent des déformations permanentes, ni dans ce terrain, ni dans la chaussée elle-même.

Les assises de chaussées constituent un élément important dans les structures routières, car d'une part, elles représentent une proportion très notable de l'épaisseur totale, et d'autre part elles contribuent appréciablement à l'absorption et à la répartition des contraintes créées par le trafic.

L'existence même des assises de chaussées est très largement ignorée de l'automobiliste ; c'est pourtant grâce à elle que la chaussée peut conserver le plus longtemps possible, malgré l'effet destructeur du trafic, les qualités d'uni qui lui permettent d'offrir à l'usager un niveau de service élevé.

Les assises de chaussées fournissent en effet aux couches de roulement un support suffisamment rigide pour leur permettre de conserver leur intégrité ; et surtout elles protègent le sol-support de la chaussée en abaissant les contraintes provenant du trafic lourd à un niveau suffisamment faible pour qu'il puisse les supporter sans se déformer. La contrepartie est qu'elles sont soumises à des contraintes élevées qu'elles doivent elles-mêmes pouvoir supporter sans fissuration ni déformation.

Une conception correcte des assises des chaussées neuves et des renforcements est donc essentielle, d'autant plus que les défauts qu'elles peuvent présenté ne peuvent être corrigés qu'à grand frais, par renforcement, reconstruction ou recyclage. Les facteurs techniques ne sont pas les seuls à prendre en compte, les facteurs économiques sont déterminants, car les quantités des matériaux en jeu sont très importantes par comparaison aux couches de roulement : l'utilisation optimale des ressources locales ou régionales en liants et en granulats est donc essentielle ; mais il faut tenir compte de ce que les exigences à satisfaire selon l'importance du trafic lourd ou la nature de l'assise, couche de fondation ou couche de base.

La technique française des assises des chaussées, telle qu'elle a été progressivement élaborée dans les 25 dernières années, fait preuve d'originalité : recours aux assises traitées par des liants, avec traitement de la couche de base et de la couche de fondation ; utilisation très majoritaire du traitement aux liants hydrauliques et hydrocarbonés.

Les routes sont construites pour permettre le roulement convenable des véhicules. La couche de roulement représente donc le but ultime de la technique routière en matière de chaussées, et les autres couches n'ont de justification que si elles permettent à cette couche de roulement de jouer son rôle convenablement.

C'est par la couche de roulement que l'automobiliste prend contact avec la chaussée ; elle doit donc lui offrir des conditions convenables de sécurité et de confort compatibles avec la classe et le niveau de service de l'itinéraire considéré.

Pour l'ingénieur, la couche de roulement est également une couche de chaussée qui subit des actions qui lui sont directement appliquées par des agents extérieurs ; et qui participe en outre au travail d'ensemble de la structure de la route.

Différentes techniques sont disponibles pour répondre du mieux possible au problème posé. C'est ainsi que l'on peut utiliser des bétons bitumineux classiques, coulés, cloutés, des enrobés fins, des enduits superficiels...

En plus du trafic et de son taux d'accroissement ; la vitesse de circulation et le poids des véhicules exigent de plus en plus, que soit améliorée la construction des chaussées modernes, ainsi le concepteur doit prendre certaines précautions lors du choix des matériaux constituant les différentes couches afin de permettre aux usagers de se déplacer, rapidement, surement et sans usure exagérée du matériel et du matériau. De nombreuses études ont été menées dans le but d'améliorer la stabilité thermique et les caractéristiques des revêtements routiers. Une des possibilités est l'incorporation de caoutchouc recyclé dans l'asphalte.

La présente étude a pour objectif, de conférer aux différents matériaux utilisés dans les couches d'assise d'une chaussée souple densité et cohésion, par ajout de différents pourcentages en liants (ciment et argile), et ainsi la réalisation des couches de base en grave bitume et des couches de roulement en béton bitumineux stables et imperméables, par ajout de granulats de caoutchouc, obtenus par broyage de pneus usés.

Après que les différents matériaux soient tamisés, les échantillons préparés sont ensuite soumis à des essais d'identification et des essais mécaniques, principalement : les essais de compactage avec le Proctor modifié, les essais de portance avant et après immersion à la presse C.B.R, les essais Marshall, les essais Duriez normal et les essais Duriez dilaté à sec et en présence d'eau.

Les meilleurs résultats obtenus sur différents types de granulats après traitement, sont ensuite comparés aux résultats obtenus sur les granulats naturels sans ajout, soumis aux mêmes essais et réalisés dans les mêmes conditions de laboratoire.

Pour ce faire, on a reparti notre travail en cinq chapitres suivants :

Le chapitre I est réservé aux chaussées, les matériaux utilisés dans la construction des chaussées, les structures des chaussées, actions des véhicules sur les chaussées, résistance mécanique des chaussées, Construction des chaussées souples, action de l'eau sur les matériaux de chaussées, les différentes dégradations, etc.

Le chapitre II est consacré aux définitions des différentes techniques de traitement d'une chaussée souple, le traitement avec ajout de ciment, d'argile, de bitume pour les couches d'assise et l'ajout des granulats de caoutchouc pour la couche de roulement et la couche de base.

Le chapitre III englobe la partie expérimentale de cette étude. Dans ce chapitre, sont présentés et identifiés les matériaux utilisés, ainsi que les essais réalisés (les classes granulaires, les pourcentages d'ajouts, les essais auxquels ils sont soumis,...).

Dans le chapitre IV, sont présentés les différents essais, tout en montrant le but et le principe de chaque essai, le mode opératoire, l'appareillage, et les résultats obtenus sous forme de tableaux, avant et après traitement.

Le chapitre V, est un chapitre récapitulatif, contenant toutes les interprétations des résultats obtenus lors des différents essais réalisés dans ce travail.

Enfin, on termine cette étude par une conclusion générale, ou on a synthétisé l'ensemble des résultats obtenus.

CHAPITRE I
LES CHAUSSEES

I.1. INTRODUCTION

L'apparition de l'automobile a marqué un tournant décisif dans l'histoire de la route et si l'on a pu, au début, se contenter des méthodes anciennes de construction des chaussées. L'utilisation rapidement croissante de ce moyen de transport a très vite nécessité une infrastructure offrant des garanties de plus grand confort, de rapidité et de sécurité.

La seconde guerre mondiale a été déterminante dans cette évolution, les matériels routiers ayant bénéficiés des recherches et des applications qui avaient été faites pour les besoins militaires. Parallèlement, la possibilité offerte de concurrencer le rail a progressivement lancé sur les routes des engins de plus en plus nombreux et de plus en plus lourds, occasionnant des dégâts sur un réseau qui n'avait pas été remédié en adaptant les techniques de construction routière.

Les premières véritables chaussées furent construites par les romains pour leurs voies impériales, avec un objectif essentiellement militaire. Les chaussées de cette époque étaient déjà constituées de plusieurs couches de matériaux, parfaitement codifiés, avec des grandes dalles en pierres posées sur un béton de chaux.

Les premiers progrès ont été réalisés par l'utilisation du goudron, au niveau de la surface des chaussées, produit dans les cokeries d'usine à gaz et de hauts fourneaux, pour lutter contre la poussière soulevée par les véhicules automobiles par temps sec. Mais très vite, il a été constaté que le goudron était glissant par temps de pluie.

Pour remédier à ce problème : c'est l'enduit superficiel qui a fait sortir la route d'un artisanat archaïque et conservateur pour l'amener à un niveau industriel et à la mécanisation. Ensuite, les enrobés à chaud sont arrivés avec la fraction lourde de pétrole brute : le bitume.

L'homme étant pour de nombreux travaux remplacé par la machine, les techniques à base de mise en œuvre manuelle ont été remplacées par des techniques mieux adaptées aux moyens mécaniques.

Depuis les années 50, avec les nouvelles conditions de trafic, notamment les poids lourds, les anciennes solutions de type empierrement se sont avérées insuffisantes, et l'on été amené à généraliser l'emploi de matériaux agglomérés par un liant tant pour le corps de chaussée que pour la surface.

Dans ce chapitre, sont présentées des généralités sur les chaussées modernes, voire, les différents matériaux utilisés, les principaux types, l'action de l'eau sur les chaussées, les différentes dégradations et l'entretien.

I.2. DEFINITION

Une chaussée est une structure multicouche constituée de trois parties principales qui ont chacune un rôle bien défini [9], [38].

Tout d'abord, le sol terrassé ou sol-support est surmonté généralement d'une couche de forme. L'ensemble sol-couche de forme représente la plate-forme support de la chaussée.

La couche de forme a une double fonction : Pendant les travaux, elle assure la protection du sol-support, permet la qualité du nivellement ainsi que la circulation des engins. En service, elle permet d'homogénéiser les caractéristiques mécaniques des matériaux constituant le sol ou le remblai, et d'améliorer la portance à long terme.

Puis viennent la couche de base et la couche de fondation formant ainsi les couches d'assise. Les couches d'assise apportent à la chaussée la résistance mécanique aux charges verticales induites par le trafic et repartissent les pressions sur la plate-forme support afin de maintenir les déformations à un niveau admissible.

Enfin, la couche de surface se compose de la couche de roulement et éventuellement d'une couche de liaison entre la couche de roulement et les couches d'assise. Elle a deux fonctions : D'une part, elle assure la protection des couches d'assise vis-à-vis des infiltrations d'eau. D'autre part, elle confère aux usagers un confort de conduite d'autant plus satisfaisant que les caractéristiques de surface sont bonnes.

En plus de ces couches, pour que la chaussée puisse assurer, la sécurité des usagers, l'entretient et la stabilité, elle doit comporter l'accotement, le fossé et le fond de forme.

Une chaussée est essentiellement destinée à supporter les actions mécaniques des véhicules et à les reporter sur le terrain de fondation sous-jacent, sans que se produisent de déformations permanentes, ni dans le terrain, ni dans la chaussée elle-même.

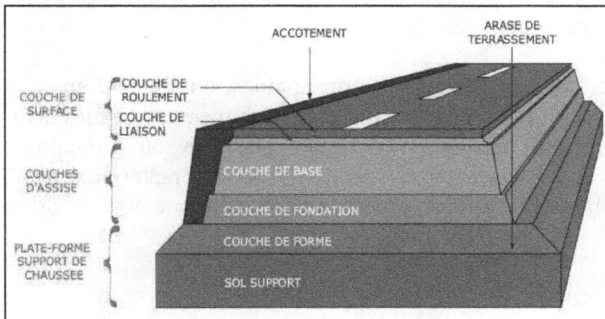

Figure 1.I. Coupe verticale d'un corps de chaussée.

I.3. MATERIAUX UTILISES DANS LA CONSTRUCTION DES CHAUSSEES
Les chaussées sont constituées généralement, soit par des dalles en béton de ciment (chaussées rigides), soit par des matériaux pierreux, graveleux ou sableux employés avec ou sans addition de'produits noirs ou de liants hydrauliques (chaussées souples ou semi-rigides) [9].

I.3.1. Les matériaux durs à granulométrie serrée

Les matériaux pierreux, graveleux ou sableux utilisés dans la construction des routes se divisent en deux grandes classes, qui correspondent à des techniques d'emploi bien différentes dans leur principe :

➢ Les matériaux à granulométrie serrée "ouverte", comportant une forte proportion de vides. Ils sont généralement fournis par le concassage de pierres dures en carrière. Ils sont utilisés comme gravillons de revêtement superficiel.

➢ Les matériaux à granulométrie étalée "pleine", destinés à être compactés, et résistant par compacité et cohésion (sols et chaussées stabilisées, bétons bitumineux ou enrobés denses). Ces matériaux proviennent le plus souvent de gisement de matériaux grenus naturels, améliorés le cas échéant par concassage et triage, ils peuvent aussi provenir du concassage de pierres de dureté moyenne.

Il est essentiel de remarquer que la résistance d'un matériau pierreux dépend de deux éléments, d'une part de la dureté de la roche, d'autre part du mode de concassage, qui influence plus spécialement sur la forme des matériaux. Les matériaux de forme plate ou allongée sont plus fragiles que ceux voisins de la forme cubique.

I.3.2. Les matériaux à éléments fins

Ces matériaux, de plus en plus utilisés, peuvent provenir :

- Soit du concassage de matériaux de carrière, le produit de concassage étant utilisé "tout venant", c'est-à-dire sans criblage ou avec un criblage très réduit corrigeant la courbe granulométrique dans la mesure nécessaire pour que le matériau soit compactable.

- Soit de "sol" de caractéristiques convenables, notamment en ce qui concerne la granulométrie et la teneur en fines. Les sources principales sont les "graves ", "sables " ou "graviers" d'origine glaciaire ou fluviale , le lavage , l'illuviation et les colmatages successifs de ces matériaux par l'action des courants conduisent à une granulométrie généralement continue et assez satisfaisante.

I.3.3. Liants hydrocarbonés : bitume et goudron

Le bitume et le goudron sont utilisés très largement dans la construction des chaussées souples, en raison de leurs propriétés physiques qui les rendent spécialement propres à cet usage.

Ces produits sont très visqueux aux températures ordinaires, mais soit par chauffage, soit par une préparation spéciale (émulsion), ils peuvent être employés sous forme fluide : ils redeviennent rapidement visqueux et présentent alors les qualités essentielles suivantes :

➢ La cohésivité, c'est-à-dire la propriété de se déformer sans arrachement ni fissuration interne, en donnant des films étanches et plastiques.

➢ L'adhésivité, c'est-à-dire la propriété de coller aux agrégats minéraux.

I.3.4. EMPLOI DANS LES CHAUSSEES DE MATERIAUX SYNTHETIQUES

À côté des matériaux traditionnels (pierres, sables, ciments, goudrons, bitumes) sont apparus dans la construction des chaussées, depuis quelques années, des matériaux fabriqués, destinés à des utilisations spécifiques.

Les géotextiles, matériaux en fibres de polyesters, peuvent être tissés ou non tissés. Elles peuvent être soit perméables, soit imperméables (géomembranes), livrés en rouleaux pesant 100 à 400 g/m2, ils peuvent assurer dans les fondations de chaussées, des fonctions de renforcement (armatures), de séparation (anti-contaminants), de filtration et de drainage.

Enfin, en vue d'obtenir en surface une rugosité exceptionnelle, on utilise des granulats artificiels présentant une haute résistance à l'abrasion (bauxite calcinée, céramique moulée, etc.).

I.4. LES STRUCTURES DES CHAUSSEES

Il existe plusieurs types de chaussées que l'on classe dans les familles ci-dessous [38], [19] :

I.4.1. Les chaussées souples

Ces structures comportent une couverture bitumineuse relativement mince (inférieure à 15cm), parfois réduite à un enduit pour les chaussées à très faible trafic, reposant sur une ou plusieurs couches de matériaux granulaires non traités. L'épaisseur globale de la chaussée est généralement comprise entre 30 et 60cm.

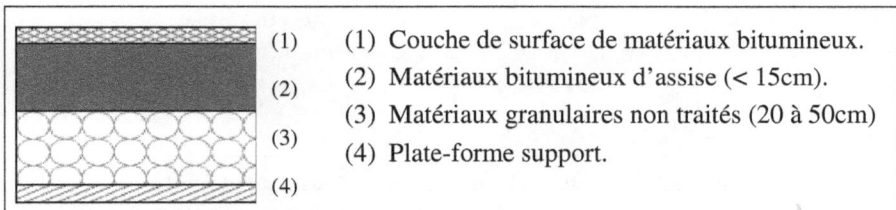

(1) Couche de surface de matériaux bitumineux.

(2) Matériaux bitumineux d'assise (< 15cm).

(3) Matériaux granulaires non traités (20 à 50cm)

(4) Plate-forme support.

Figure 2.I. Structure d'une chaussée souple.

I.4.2. Les chaussées bitumineuses épaisses

Ces structures se composent d'une couche de roulement bitumineuse sur un corps de chaussée en matériaux traités aux liants hydrocarbonés, fait d'une ou deux couches (base et fondation). L'épaisseur des couches d'assise est le plus souvent comprise entre 15 et 40cm.

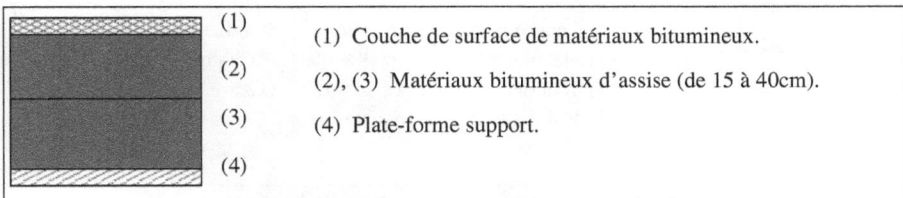

(1) Couche de surface de matériaux bitumineux.

(2), (3) Matériaux bitumineux d'assise (de 15 à 40cm).

(4) Plate-forme support.

Figure 3.I. Structure d'une chaussée bitumineuse épaisse.

I.4.3. Les chaussées à assise traitée aux liants hydrauliques

Ces structures sont qualifiées couramment de "semi-rigides". Elles comportent une couche de surface bitumineuse sur une assise en matériaux traités aux liants hydrauliques disposés en une ou deux couches (base et fondation) dont l'épaisseur totale est de l'ordre de 20 à 50cm.

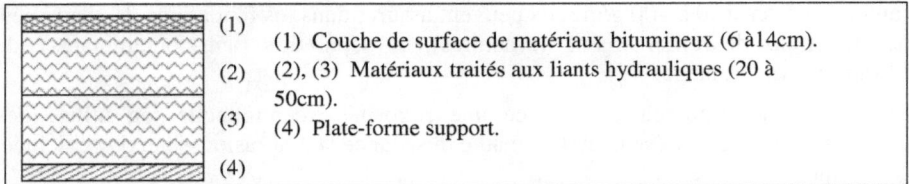

(1) Couche de surface de matériaux bitumineux (6 à14cm).
(2), (3) Matériaux traités aux liants hydrauliques (20 à 50cm).
(4) Plate-forme support.

Figure 4.I. Structure d'une chaussée à assise traitée aux liants hydrauliques.

I.4.4. Les chaussées à structures mixte

Ces structures comportent une couche de roulement et une couche de base en matériaux bitumineux (épaisseur de la base : 10 à 20cm) sur une couche de fondation en matériaux traités aux liants hydrauliques (20 à 40cm).Les structures qualifiées de mixtes sont telles que le rapport de l'épaisseur de matériaux bitumineux à l'épaisseur totale de chaussée soit de l'ordre de 1/2.

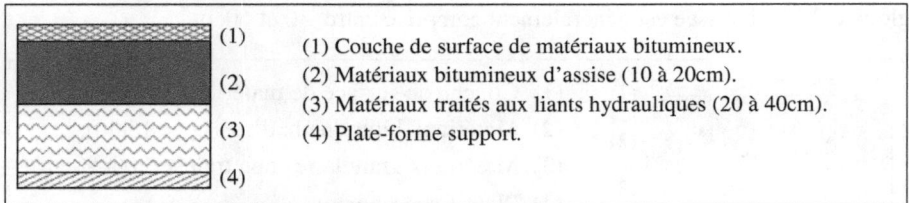

(1) Couche de surface de matériaux bitumineux.
(2) Matériaux bitumineux d'assise (10 à 20cm).
(3) Matériaux traités aux liants hydrauliques (20 à 40cm).
(4) Plate-forme support.

Figure 5.I. Structure d'une chaussée à structure mixte.

I.4.5. Les chaussées à structure inverse

Ces structures sont formées de couches bitumineuses, d'une quinzaine de centimètres d'épaisseur totale, sur une couche de grave non traitée (environ12cm) reposant elle-même sur une couche de fondation en matériaux traités aux liants hydrauliques. L'épaisseur totale atteint 60 à 80cm.

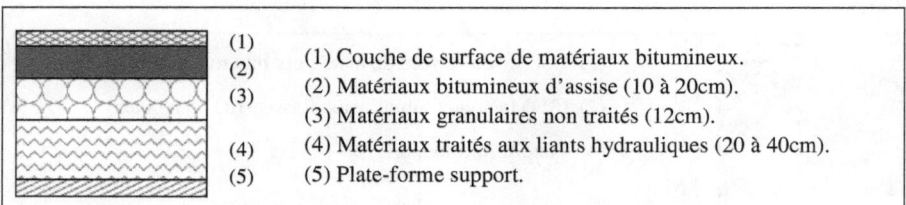

(1) Couche de surface de matériaux bitumineux.
(2) Matériaux bitumineux d'assise (10 à 20cm).
(3) Matériaux granulaires non traités (12cm).
(4) Matériaux traités aux liants hydrauliques (20 à 40cm).
(5) Plate-forme support.

Figure 6.I. Structure d'une chaussée à structure inverse.

I.4.6. Les chaussées en béton de ciment

Ces structures comportent une couche de béton de ciment de 15 à 40cm d'épaisseur qui sert de couche de roulement, éventuellement recouverte d'une couche mince en matériaux bitumineux. La couche de béton repose soit sur une couche de fondation (en matériaux traités aux liants hydrauliques ou en béton de ciment), soit sur une couche drainante en grave non traitée, soit sur une couche d'enrobé reposant elle-même sur une couche de forme traitée aux liants hydrauliques.

La dalle de béton peut être continue avec un renforcement longitudinal (béton armé continu), ou discontinue avec ou sans élément de liaison aux joints.

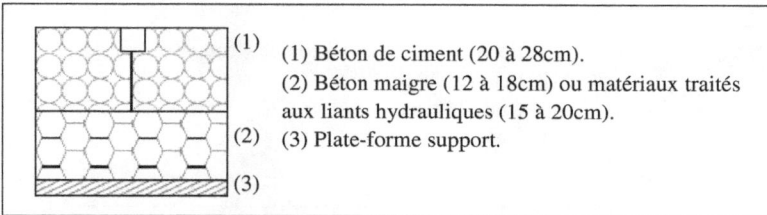

(1) Béton de ciment (20 à 28cm).
(2) Béton maigre (12 à 18cm) ou matériaux traités aux liants hydrauliques (15 à 20cm).
(3) Plate-forme support.

Figure 7.I. Structure d'une chaussée à dalles non goujonnées avec fondation.

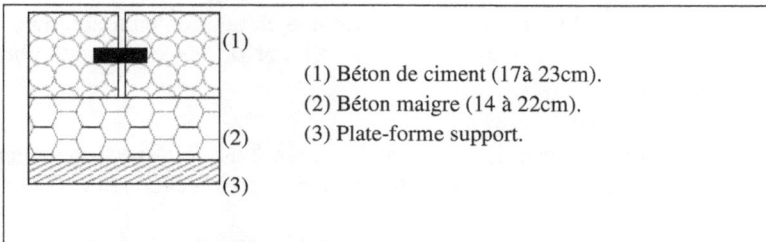

(1) Béton de ciment (17à 23cm).
(2) Béton maigre (14 à 22cm).
(3) Plate-forme support.

Figure 8.I. Structure d'une chaussée à dalles goujonnées avec fondation.

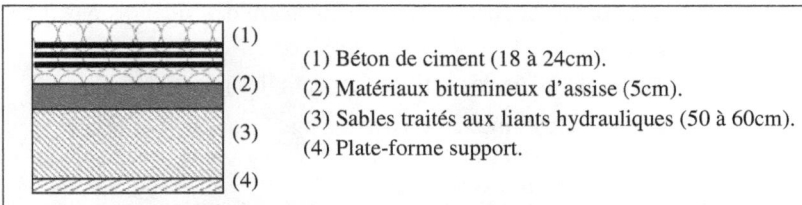

(1) Béton de ciment (18 à 24cm).
(2) Matériaux bitumineux d'assise (5cm).
(3) Sables traités aux liants hydrauliques (50 à 60cm).
(4) Plate-forme support.

Figure 9.I. Structure d'une chaussée en béton armé continu.

I.4.7. Les chaussées composites

Ces structures combinent une couche de béton de ciment avec des couches en matériaux bitumineux. On distingue deux types de structures composites : le béton de ciment mince collé et le béton armé continu sur grave bitume.

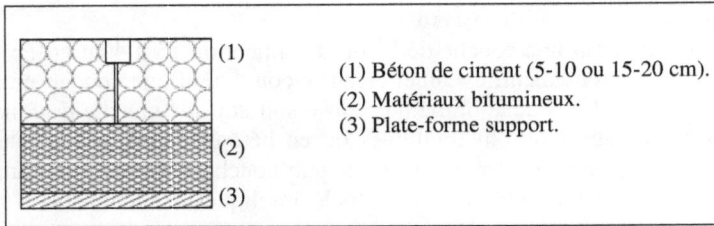

(1) Béton de ciment (5-10 ou 15-20 cm).
(2) Matériaux bitumineux.
(3) Plate-forme support.

Figure 10.I. Structure d'une chaussée en béton de ciment mince collé.

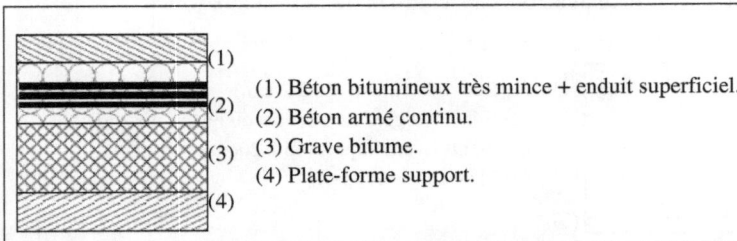

(1) Béton bitumineux très mince + enduit superficiel.
(2) Béton armé continu.
(3) Grave bitume.
(4) Plate-forme support.

Figure 11.I. Structure d'une chaussée en béton armé continu sur grave bitume.

I.5. ACTIONS DES VEHICULES SUR LES CHAUSSEES

La surface de la chaussée doit permettre d'assurer une circulation en tout temps, avec sécurité et confort. Pour ce faire, elle doit résister à un certain nombre de sollicitations [7], [9].

I.5.1. Actions verticales

Le poids des véhicules est transmis sous forme de pressions, soit exceptionnellement par des bandages ferrés ou en caoutchouc plein, soit généralement par des pneumatiques.

Les bandages pleins, surtout les jantes métalliques, exercent sur la chaussée une action extrêmement brutale et nocive. Le code de la route limite les charges à 150Kg par cm de jante, mais la pression peut atteindre localement des valeurs considérables.

I.5.2. Actions tangentielles

Les roues exercent sur la chaussée des actions tangentielles pour :

-la transmission de l'effort moteur ou de freinage ;
-la mise en rotation des roues non motrices ;
-la résistance aux efforts transversaux.

Des efforts parasites sont dus à l'élasticité du pneumatique, et notamment aux causes suivantes :

-du fait de l'aplatissement de celui-ci, le rayon de roulement (rayon fictif d'une roue circulaire qui roulerait avec la même vitesse angulaire) est à la fois inférieur au rayon de la roue à vide et supérieur à la hauteur de l'essieu au-dessus de la chaussée.

-si un effort sollicite transversalement le véhicule (vent, dévers, bombements, etc.) il se produit le phénomène d'envirage ou dérive des pneumatiques.

Tous ces phénomènes s'accompagnent de frottements qui usent les pneus et les routes.

I.5.3. Actions dynamiques

Le véhicule automobile comporte une infrastructure (essieux) sur laquelle repose, par l'intermédiaire d'organes de suspension, le cadre rigide qui porte le moteur, la carrosserie, etc. Les organes de suspension sont des ressorts qui se déforment sous l'action des forces statiques et surtout des actions dynamiques, corrélatives au franchissement des obstacles.

Lorsque le mouvement régulier d'une roue est modifié par la rencontre d'un obstacle ou d'une dénivellation, cette roue se trouve instantanément surchargée ou déchargée : du fait de l'élasticité du pneumatique, des oscillations se produisent engendrant une série de surcharges positives ou négatives avec des valeurs maximales pouvant atteindre 1.5 à 1.8 fois la charge statique.

Les chocs constituent une cause essentielle de l'usure des véhicules d'une part, de la chaussée d'autre part.

I.5.4. Les vibrations

Les vibrations sont produites par le passage de lourdes charges. Ces vibrations ont une période propre à la section de la route considérée (nature, épaisseur). Quand à leur amplitude, elle est fonction d'une part de la nature des roues, d'autre part de la surface de chaussée (nature du revêtement).

I.5.5. Durée d'application des charges

Les charges appliquées aux chaussées sont produites soit par les véhicules rapides, soit par des véhicules lents, soit par des véhicules en stationnement.

L'action des véhicules est très variable avec la durée pendant laquelle elle s'exerce, en particulier la déformation (élastique ou plastique) produite dans une chaussée dépend énormément de cette durée.

Dans les sols, et surtout dans les sols à éléments fins qui constituent un complexe solide-liquide, les charges instantanées n'ont pas le temps de provoquer des écoulements de liquide, alors que les charges de longue durée les provoquent (consolidation).

Les liants hydrocarbonés (goudron et bitume) sont des corps visqueux qui se déforment très peu sous une sollicitation de courte durée. Or liants hydrocarbonés, sols et bétons, sont des éléments constitutifs des chaussées : celles-ci sont donc très sensibles à la durée d'application des charges.

I.5.6. Répétition des charges

La résistance des chaussées est liée non seulement à la valeur maximum des charges susceptibles de leur être appliquées, mais aussi au nombre d'application des charges et surtout des lourdes charges.

Le problème mécanique essentiel dans le corps des chaussées est la transmission d'efforts verticaux, de beaucoup les plus importants, pouvant être sensiblement supérieurs à la charge normale des roues (à cause des effets dynamiques).

En surface, le phénomène est plus complexe et la partie supérieure de la chaussée doit être spécialement résistante, pour supporter les efforts verticaux localisés anormaux (poinçonnement ou cisaillement des bondages ferrés, par exemple) et les efforts tangentiels de toute nature. Elle doit en outre, rester rugueuse pour permettre une bonne adhérence.

I.6. RESISTANCE MECANIQUE DES CHAUSSEES

Pour étudier, la résistance mécanique d'une chaussée, il faut d'une part, connaître la circulation que la route devra supporter, notamment la valeur des plus lourdes charges admises, et la fréquence des passages de chaque catégorie de véhicules, tout spécialement des véhicules lourds. En effet, la répétition de lourdes charges aggrave considérablement les conditions de travail d'une chaussée.

On devra tenir compte aussi, le cas échéant, des circonstances exceptionnelles susceptibles d'engendrer soit des chocs, soit des efforts horizontaux anormaux (fortes déclivités, virages de faible rayon, etc.). D'autre part, il est indispensable, de caractériser de façon aussi précise que possible les qualités du terrain sur lequel la chaussée devra être établie, ces qualités, qui conditionnent "la portance" du sol, il faut connaître, les risques d'imbibition et de dessiccation auxquels est exposée la chaussée, il faut aussi tenir compte des risques de gel qui, pour certains sols, sont extrêmement graves [9].

I.7. QUALITES SUPERFICIELLES DES CHAUSSEES

Le rôle d'une chaussée est de transmettre, sans se déformer, les efforts verticaux et tangentiels dus aux charges. Il importe donc d'assurer l'uni, la rugosité et l'imperméabilité des couches de chaussées pour assurer à la fois la sécurité et le confort pour l'usager [25].

I.7.1. L'uni

On qualifie d'uni une chaussée dont le profil en long et en travers diffère très peu du profil théorique, et qui est exempte, en particulier, de dénivellations et d'ondulations.

L'uni est une qualité essentielle non seulement pour assurer le confort des usagers, mais aussi pour diminuer les dépenses de traction, pour réduire l'usure des véhicules et celle de la chaussée même.

Il est naturellement illusoire de rechercher l'uni d'une chaussée si sa résistance aux actions verticales, soit dans le corps de la chaussée, soit dans le sol de fondation, n'est pas assuré : des contraintes exagérées produisent à plus ou moins longue échéance des déformations permanentes.

Les insuffisances d'uni dues à une mauvaise exécution de la couche de base sont difficilement réparables. C'est le cas des ondulations produites dans les chaussées en macadam par un serrage défectueux, un cylindre travaillant brutalement ou trop vite, dans les chaussées souples en général par un dressage irrégulier de la couche inferieure, donnant à la couche de base une épaisseur variable d'où résultent des tassements inégaux.

Une chaussée bien réussie peut cependant devenir moins unie par suite de déformations superficielles dont les causes peuvent être les suivantes :

- pour une chaussée souple revêtue, "vagues" dues au fluage du tapis superficiel : cela arrive soit avec des enrobés peu stables, soit avec des revêtements superficiels trop riches en liant.
- pour une chaussée non revêtue à éléments fins, la perte de substance produite par la poussière en été, les poinçonnements marqués dans la boue superficielle en hiver, produisent des déformations, qui rendent nécessaire un reprofilage périodique.

La mesure de l'uni peut être faite au moyen de nombreux appareils dont le principe est, soit la détermination du profil en long, soit l'enregistrement des impulsions produites par les dénivellations de la chaussée sur un véhicule en mouvement.

I.7.2. La rugosité

La rugosité de la surface des chaussées est une qualité indispensable pour assurer aux véhicules des possibilités de freinage convenables et une bonne stabilité transversale.

Il est relativement facile d'obtenir une bonne adhérence du pneumatique à la chaussée lorsque celle-ci est sèche et propre. Par contre sur une chaussée polluée et mouillée, des difficultés très sensibles apparaissent, dépendant d'une part du pneumatique, d'autre part de la texture superficielle de la chaussée.

Du point de vue de la chaussée, la nécessité de maintenir la rugosité se traduit par les règles suivantes :

- ➢ Il faut éviter toute cause d'accumulation d'eau sur les chaussées, due par exemple, à des pentes transversales trop faibles, à des déformations de surface, à une mauvaise évacuation latérale.
- ➢ Les gravillons de couches de surface doivent être constituées par une roche dure, résistant à la fois au polissage et à la fragmentation.
- ➢ Les revêtements doivent présenter une texture superficielle suffisamment grossière.

I.7.3. L'imperméabilité

La plupart des corps de chaussées et des terrains de fondations étant plus ou moins sensibles à l'action de l'eau, il est essentiel que la surface des chaussées assure l'imperméabilité aux eaux de pluie et de ruissellement.

Une chaussée revêtue reste peu perméable lorsqu'elle est recouverte d'un film continu de liant suffisamment cohésif pour ne pas se fissurer sous l'action des charges et celle du climat. Lorsque le liant vieillit, des fissures très fines se produisent, l'eau pénètre et crée souvent des désordres.

La perméabilité est le signe de l'usure ou tout au moins du vieillissement de l'enduit, le remède, soit de refaire un nouvel enduit imperméable, soit de régénérer le liant vieilli par répandage d'huiles qui lui rendent sa plasticité.

I.8. CONSTRUCTION DES CHAUSSEES SOUPLES

Une chaussée souple est constituée de trois couches de matériaux de qualité et de performances croissantes de bas en haut (couches de fondation, de base et de surface), le schéma classique d'une structure de chaussée souple peut être complété par interposition entre terrain naturel et corps de la chaussée [20], [22], [29] :

> ➢ une couche de forme, employée lorsque le terrain naturel présente des caractéristiques particulièrement médiocres et hétérogènes (il est également possible de traiter le sol support avec un liant hydraulique et de l'assimiler après traitement à une couche de forme).
> ➢ une sous-couche de fondation qui peut être anti-contaminante (écran contre la remontée d'éléments argileux ou limoneux), anticapillaire (écran contre les remontées d'eau), antigel (réalisée en matériaux insensibles au gel pour accroître l'épaisseur de la chaussée jusqu'à une profondeur voisine de la pénétration maximale au gel).

I.8.1. La couche de fondation

Les qualités de rigidité et de résistance aux déformations permanentes devant se conserver sous l'effet du trafic, il convient que les granulats résistent à la fragmentation et à l'attrition.

Pour que ces qualités demeurent également quelles que soient les conditions climatiques, il convient que la couche de fondation reste insensible à l'eau, au gel et aux fortes températures.

La construction des couches de fondation est en général aisée, un grand nombre de sols conviennent, soit simplement apportés, soit améliorés par un traitement approprié.

On peut utiliser non seulement les sols naturels, toutes les graves maigres, des sols à gros cailloux aux sables, les schistes miniers, etc.

Les conditions auxquelles doivent satisfaire ces sols sont les suivantes :

> ➢ Etre susceptibles de compactage, c'est-à-dire tels que la compression ou la vibration conduisent progressivement, à un aménagement stable des grains correspondant à une quantité de vides réduite et à une forte densité sèche.
> ➢ Etre peu sensibles à l'eau, pour cela, il faut que dans le mortier, la proportion d'éléments fins et surtout d'argile soit faible : on a le plus grand avantage à rechercher des sols dont l'indice de plasticité soit nul ou inférieur à 5.
> ➢ Conserver dans les conditions hygrométriques les plus défavorables, une portance suffisante.
> ➢ Pouvoir «vivre en bon voisinage» avec le terrain sur lequel il est posé. A cet égard, des difficultés peuvent survenir dans diverses circonstances, notamment :
>> - le sol d'apport est sensible à l'eau, et le terrain de fondation est, soit très imperméable, soit exposé à des fortes remontées capillaires. Il est bon dans ce cas, de ménager entre le sol d'apport et le terrain une sous-couche anticapillaire drainante, très perméable, qui coupe les remontées

capillaires et évacue les eaux provenant, soit de ces remontées, soit d'infiltration de haut en bas ;
- le terrain est sensible au gel et l'on construit une sous-couche antigel ;
- Le terrain contient des éléments très fins qui risquent, au cours du compactage et quand la chaussée sera en service, de pénétrer dans le sol d'apport et d'en altérer la granulométrie, la stabilité, la portance, de le rendre sensible à l'eau, etc.

Cette «contamination» n'est pas à craindre lorsque : $D_{15} < 5\ d_{85}$. Avec D_{15}, étant la dimension du tamis dans lequel passent 15% en poids des matériaux du sol d'apport, d_{85}, étant la dimension du tamis dans lequel passent 85 % en poids des matériaux du terrain. Si cette condition n'est pas réalisée, il faut placer entre les deux sols incompatibles, une sous-couche anticontaminante, dont la granulométrie intermédiaire sera choisie de façon à satisfaire dans les deux sens à l'inégalité ci-dessus.

Les couches de fondation doivent toujours être plus perméables que les couches qu'elles supportent, pour éviter des rétentions d'eau dans la chaussée.

I.8.2. La couche de base
Dans les couches supérieures, des contraintes localisées élevées peuvent se manifester.

Aussi l'emploi d'un sol, ou, d'une façon générale, d'un matériau compactable, pour la construction d'une couche de base doit-il faire l'objet d'une attention toute spéciale.

En principe, les conditions auxquelles doit satisfaire le matériau sont de même nature que pour les couches inférieures mais l'expérience conduit à les rendre plus précises et plus sévères. La couche de base est protégée superficiellement par une couche de surface (un simple enduit au goudron ou au bitume). Elle sera généralement constituée par une grave (naturelle ou améliorée) ou par un tout-venant de concassage.

- Le matériau doit avoir une grosseur inférieure à 30 ou exceptionnellement à 40mm. Sinon on s'expose à une ségrégation dans la mise en œuvre et à des arrachements en surface, quand la chaussée sera mise en service.
- La courbe granulométrique doit en principe être comprise dans le fuseau de courbes types (voir annexe AI). Quand la courbe, à son extrémité inferieure, sort du fuseau par le haut, le matériau a trop de fines et est excessivement sensible à l'eau, quand elle en sort par le bas, le matériau manque de fines et se compacte mal.
- Le ruissellement des eaux de pluie hors de la chaussée doit être bien assuré, les remontées capillaires doivent être évitées, l'évaporation favorisée dans toute la mesure possible et l'absorption par la chaussée, en périodes humides, des eaux de pluie et de l'humidité superficielle doit être aussi faible que possible.

- Il faut éviter d'employer des matériaux tendres, dont l'écrasement modifie rapidement la granulométrie et la plasticité. On utilisera de préférence des matériaux ayant un coefficient Los Angeles inférieur à 30 et un coefficient Micro Deval inférieur à 20. On se méfiera aussi des matériaux instables (schistes rouges).

I.8.3. La couche de surface

La couche de surface est constituée, d'une couche de roulement, qui est la couche supérieure de la chaussée sur laquelle s'exercent directement, les agressions conjuguées du trafic et du climat et le cas échéant, d'une couche de liaison, entre les couches d'assise et la couche de roulement.

Les techniques les plus couramment utilisées en couches de roulement sont [28] :

- ➤ Les enduits superficiels, constitués d'une alternance de couches de liant bitumineux et de gravillons, en couches de faible épaisseur, et répandues directement sur le support ;

- ➤ Les bétons bitumineux qui sont des mélanges de liant hydrocarboné (bitume) , de granulats , et éventuellement d'additifs , dosés , chauffés et malaxés dans une centrale d'enrobage , puis transportés et mis en œuvre sur la chaussée.

Les qualités essentielles d'un matériau enrobé utilisé sur la route sont :

- La stabilité, c'est-à-dire la résistance à la déformation permanente de la couche elle-même sous les charges dynamiques et sous les charges statiques appliquées longtemps.
  L'insuffisance de stabilité se traduit par un fluage, avec formation des dépressions, d'ornières et d'ondulations. La stabilité augmente avec l'angle de frottement interne des matériaux, elle est favorisée par une granulométrie convenable, elle croit avec la dureté du liant utilisé.
- La flexibilité, c'est-à-dire l'aptitude à admettre sans fissuration les déformations d'ensemble qui peuvent être imposées à la couche d'enrobé par la déflexion des couches inférieures.
- L'insuffisance de flexibilité se manifeste par des fissures du tapis. La flexibilité dépend dans une certaine mesure de la ductilité du liant, qui doit rester bonne aux basses températures et cela pendant toute la «vie» de l'enrobé. Pour obtenir un enrobé à la fois stable et flexible, il faut donc un liant qui reste visqueux en été sans devenir fragile en hiver, et qui résiste bien au vieillissement.
- L'étanchéité, la pose d'un enrobé perméable et non drainé sur une chaussée moins perméable et sensible à l'eau crée un piège à eau, dont les effets sont d'autant plus nocifs que l'évaporation est plus lente.
- L'absence de sensibilité à l'eau. L'humidité ne doit pas pouvoir désenrober les matériaux, ce qui exige une bonne affinité entre ceux-ci et le liant. Elle ne doit non plus pouvoir altérer les éléments fins de l'enrobé, ce qui implique que les fillers contiennent peu d'argile.

- L'enrobé utilisé en couche de surface doit posséder les propriétés spécifiques de cette utilisation : bonne résistance aux efforts tangentiels et aux efforts de poinçonnement, rugosité. Il faut que les granulats ne se polissent pas, que leurs arêtes en contact avec les pneumatiques restent vives, et que les films d'eau entre le pneumatique et la chaussée puissent s'éliminer facilement.

I.9. DETERMINATION PRATIQUE DU DIMENSIONNEMENT DES CHAUSSEES SOUPLES

L'ingénieur appelé à construire une chaussée souple sur un terrain donné, devra [9] :

1. Connaître l'importance de la circulation que celle-ci devra supporter, et surtout la nature et l'intensité de la circulation lourde.
2. Etre renseigné sur le climat, le régime des nappes, les possibilités de drainage et d'évacuation des eaux, le bilan évaporation-précipitation, les risques de gel.
3. Faire procéder par le laboratoire à l'identification du terrain, déterminer les conditions de compactage optimum par l'essai Proctor, le module à la plaque et faire exécuter l'essai C.B.R. Le nombre d'échantillons à faire analyser varie avec l'hétérogénéité du terrain : dans les conditions normales, 15 à 20 prélèvements par Km de route sont recommandables.

   L'ingénieur utilisera l'ensemble des données dont il dispose, pour se faire une idée de la résistance du sol. Si des anomalies apparaissent (limite de liquidité élevée, gonflements excessifs, courbe Proctor très pointue), il prendra des précautions supplémentaires.
4. Avoir une idée de la déformabilité du terrain, ce renseignement étant particulièrement utile lorsque la couche supérieure de la chaussée est peu flexible (enrobés).

C'est à la lumière de cet ensemble de renseignements concrets et non par une brutale application des formules, qu'il faudra déterminer l'épaisseur à donner à la chaussée. Cette épaisseur peut d'ailleurs varier localement pour tenir compte des circonstances très particulières (carrefours soumis à des efforts de freinage, points bas ou l'écoulement des eaux est difficile). On peut augmenter l'épaisseur sur les bords, qui travaillent dans des conditions défavorables. On peut aussi, sur les chaussées à plus de deux voies ou à sens unique, renforcer la voie latérale ou la circulation des camions est beaucoup plus intense.

I.10. ACTION DE L'EAU SUR LES MATÉRIAUX DE CHAUSSÉES

Outre son effet sur la portance des sols, l'eau peut nuire au comportement des matériaux constitutifs des chaussées [19], [21], [34] :

1. Attrition des granulats : sous l'action des charges circulant sur la chaussée, il se produit des (faibles) déplacements des granulats les uns par rapport aux autres, dans les couches de graves non traitées. Une usure par frottement en résulte, appelée attrition, qui entraîne la production de matériaux fins, arrondit les arêtes des granulats, et diminue la stabilité de la couche.

2. Influence sur l'adhésivité des liants bitumineux : les couches de chaussée utilisant des liants « noirs » comme le bitume présentent une autre faiblesse en présence d'eau. De manière générale, l'eau a un pouvoir mouillant supérieur à celui du bitume, qui est un liquide à viscosité élevée. Elle peut se glisser à l'interface entre granulat et liant, et conduit au désenrobage des granulats.

I.10.1. Origines de l'eau

La conduite à tenir est de diminuer l'arrivée d'eau, et de faciliter son départ. Encore faut-il savoir par quelle voie elle pénètre.

I.10.1.1. Infiltration par le haut

Contrairement à ce qui a longtemps été pensé, c'est l'origine la plus fréquente et souvent la plus importante des venues d'eau. Bien que, de visu, les revêtements semblent imperméables, leur étanchéité n'est approximative. Il existe presque partout de petites ou grosses fissures laissant pénétrer l'eau.

I.10.1.2. Infiltration et capillarité latérale

Il arrive fréquemment que les écoulements des fossés ne soient pas convenablement assurés ou momentanément obstrués (accumulation de neige, par exemple). L'eau qui stagne dans le fossé peut d'autant plus facilement s'infiltrer jusqu'à la chaussée ou juste sous elle, que le projecteur a prévu des dispositifs évacuant vers le fossé, les eaux qui pourraient avoir atteint la chaussée. Autrement dit, si le fossé ne joue pas son rôle évacuateur, et si au contraire de l'eau y séjourne, le drainage fonctionne « à l'envers ».

I.10.1.3. Capillarité à partir de la nappe

Un sol suffisamment fin (limon, argile) possède de fortes propriétés capillaires, qui font remonter l'eau de la nappe phréatique. Cette ascension est créée par l'existence de la tension inter faciale. La hauteur totale d'ascension capillaire dépend de la granulométrie et de l'indice des vides.

I.10.2. Comment empêcher l'eau d'entrer dans les chaussées ?

La protection de la chaussée doit être recherchée dans :

-les dispositions générales du projet ;
-la conception de la chaussée ;
-le choix des ouvrages d'évacuation des eaux superficielles, et des eaux internes.

- On évitera, par exemple, d'implanter une chaussée au niveau du sol si les écoulements sont difficiles et le terrain humide, ou proche d'une nappe. On retiendra des pentes de terrassement plus importantes dans le cas des sols sensibles à l'eau.
- Imperméabiliser la surface de la chaussée : Les chaussées souples ou semi-rigides comportent à leur surface, soit un enduit superficiel, soit une couche de surface plus ou moins épaisse en enrobés. L'enduit superficiel utilisé sur les chaussées les moins circulées, s'il repose sur des matériaux peu déformables, et s'il est assez fréquemment renouvelé (au moins tous les sept ans), est en

général imperméable, le vieillissement du liant, le décrochage de certains gravillons (plumage) le rendent cependant peu à peu poreux, d'où la nécessité d'un renouvellement. Pour les chaussées plus circulées, on utilise souvent en technique de couche de surface des enrobés à chaud, ces matériaux sont considérés comme étanches lorsque la teneur en vide n'excède pas 5 à 6% (soit une compacité de l'ordre de 95%).

- Imperméabiliser les accotements : Cette pratique onéreuse est intéressante est fort utile. Faute de pouvoir imperméabiliser la totalité de l'accotement, on peut utilement revêtir une petite partie (de 0.50 à 1m). En tout état de cause, la pente transversale de l'accotement est en général de 4%, pour faciliter l'écoulement des eaux de pluie.
- Eviter les « pièges à eau » : On construit un tel piège lorsque l'on établit, comme autrefois, la chaussée dans un encaissement (figure ci-dessous). Il faut aux points (C) et (B) trouver une évacuation vers le fossé (voir figure 12.I).

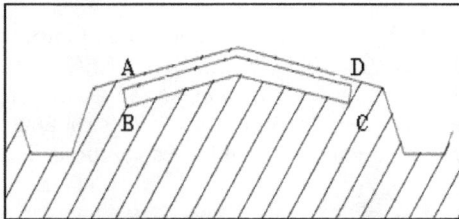

Figure 12.I. Evacuation d'eau vers le fossé.

I.10.3. Récupérer et évacuer les eaux de surface
I.10.3.1. L'assainissement routier
Tout ouvrage routier comporte un réseau d'assainissement dont le rôle est de récupérer et d'évacuer toutes les eaux de ruissellement. Ce réseau pourra aller du simple fossé jusqu'à des installations très sophistiquées, capables de traiter des eaux provenant de la plate-forme, ou de récupérer une éventuelle pollution accidentelle. Deux principes guident le projecteur :

1. Rejeter, autant que possible, les eaux hors de la plate-forme afin de diminuer le débit à faire passer dans les ouvrages.
2. Utiliser, au maximum, les ouvrages superficiels aux coûts d'investissement et d'entretien plus faibles que les ouvrages enterrés.

En outre, il tient compte d'un certain nombre d'autres impératifs : Des impératifs hydrauliques : dans le cas de pentes faibles (1%) ou fortes (3.5 - 4%), on emploiera de préférence des ouvrages revêtus ainsi que dans toutes les zones où l'on désire éviter les infiltrations.

I.10.3.2. Évacuer l'eau qui est entrée: le drainage

Il est connu depuis très longtemps avec la réalisation de pierres sèches ou des galets. En fait, ce système qui fonctionne remarquablement bien au début, a pour inconvénient de se colmater avec les matériaux fins circulant avec l'eau.

Un progrès décisif a été réalisé avec l'invention des géotextiles il y a une trentaine d'années. Il consiste en une « couverture » de fibres synthétiques, en général non tissées, qui a le pouvoir de laisser passer l'eau, mais de retenir les fines à la manière d'un filtre (voir figure 13.I).

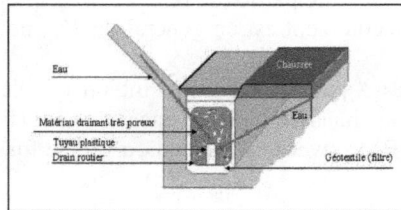

Figure 13.I. Système d'évacuation de l'eau.

I.11. DEGRADATIONS DES CHAUSSEES SOUPLES

L'évaluation des chaussées repose sur une série de mesures et d'observations visuelles qui permettent d'établir la condition de la structure, de diagnostiquer les causes des dégradations apparentes et de cibler les solutions de réhabilitation les plus appropriées.

Lorsqu'il s'agit de mesures telles que les caractéristiques géométriques ou physiques de la chaussée, il est plus facile de fixer des critères qui servent de base à l'évaluation et à la réhabilitation. Lorsqu'il s'agit d'observations visant à caractériser des dégradations de surface et l'état de la chaussée, l'établissement de tels critères devient plus difficile.

Afin de réduire cette difficulté, il est nécessaire de formaliser la caractérisation des défauts de surface des chaussées et d'en faire la synthèse dans un guide accessible au personnel concerné par cette activité : ce guide, basé notamment sur une série de figures, permet de catégoriser les dégradations de surface sur des chaussées souples et d'obtenir une façon d'en mesurer l'étendue et la sévérité de manière objective [33], [38], [40].

Les dégradations des chaussées peuvent être classées en quatre familles :

- Les fissurations.
- Les déformations.
- Les arrachements.
- Les remontées des matériaux.

I.11.1. Fissuration
I.11.1.1.Fissures transversales
A. Description : rupture du revêtement relativement perpendiculaire à la direction de la route, généralement sur toute la largeur de la chaussée.

B. Causes probables
➤ Retrait thermique.
➤ Vieillissement et fragilisation du bitume.
➤ Joint de construction mal exécuté (arrêt et reprise des travaux de pose d'enrobé).
➤ Diminution de la section du revêtement (ex : vis-à-vis des regards ou des puisards).

C. Niveau de sévérité
- **Faible :** Fissures simples dont les ouvertures sont inférieures à 5mm. Les bords sont en général francs et bien définis. Figure (14.I.A)
- **Moyen :** Fissures simples ou fissures multiples le long d'une fissure principale, celle-ci étant ouverte de 5 à 20mm. La fissure est perceptible par l'usager. Figure (14.I.B)
- **Majeur :** Fissures simples ou fissures multiples le long d'une fissure principale, celle-ci étant ouverte de plus de 20mm. Le confort au roulement est diminué par les déformations de surface. Figure (14.I.C)

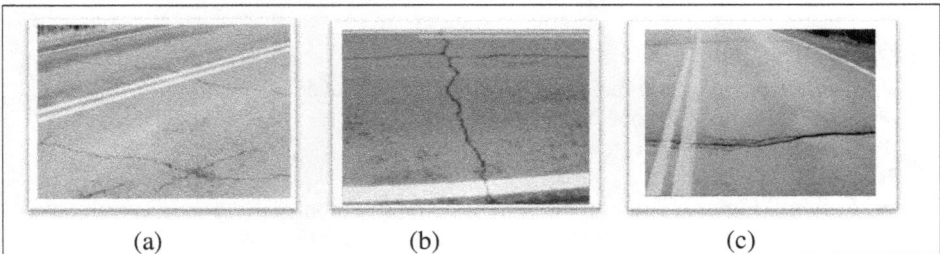

(a)   (b)   (c)

Figure 15.I. Fissures en piste de roues.

I.11.1.2. Fissures en piste de roues
A. Description : rupture du revêtement relativement parallèle à la direction de la route et située dans les pistes des roues.
B. Causes probables
➤ Fatigue du revêtement (trafic lourd).
➤ Capacité structurale insuffisante de la chaussée.
➤ Mauvais drainage des couches granulaires de la chaussée.
C. Niveau de sévérité
❖ **Faible :** Fissures simples dont les ouvertures sont inférieures à 5mm. Les bords sont en général francs et bien définis. Figure (15.I.A)

❖ **Moyen :** Fissures simples ou fissures multiples le long d'une fissure principale, celle-ci étant ouverte de 5 à 20mm. La fissure est perceptible par l'usager. Figure (15.I.B)

❖ **Majeur :** Fissures simples ou fissures multiples le long d'une fissure principale, celle-ci étant ouverte de plus de 20mm. Le confort au roulement est diminué par les déformations de surface. Figure (15.I.C)

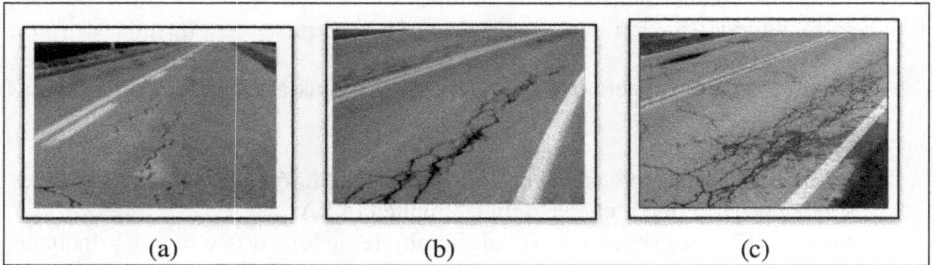

(a)   (b)   (c)

Figure 14.I. Fissures transversales.

I.11.1.3. Fissures longitudinales (hors-piste de roues)
A. Description : rupture du revêtement relativement parallèle à la direction de la route, excluant les fissures de gel, en dehors des pistes de roues.

B. Causes probables
➢ Joint de construction mal exécuté le long de la travée adjacente.
➢ Ségrégation de l'enrobé à la pose.
➢ Vieillissement du revêtement.

C. Niveau de sévérité
❖ **Faible :** Fissures simples dont les ouvertures sont inférieures à 5mm. Les bords sont en général francs et bien définis. Figure (16.I.A)

❖ **Moyen :** Fissures simples ou fissures multiples le long d'une fissure principale, celle-ci étant ouverte de 5 à 20mm. Les bords sont parfois érodés et un peu affaissés.
Figure (16.I.B)

❖ **Majeur :** Fissures simples ou fissures multiples le long d'une fissure principale, celle-ci étant ouverte de plus de 20mm. Les bords sont souvent érodés et il y'a affaissement ou soulèvement au gel au voisinage de la fissure. Figure (16.I.C)

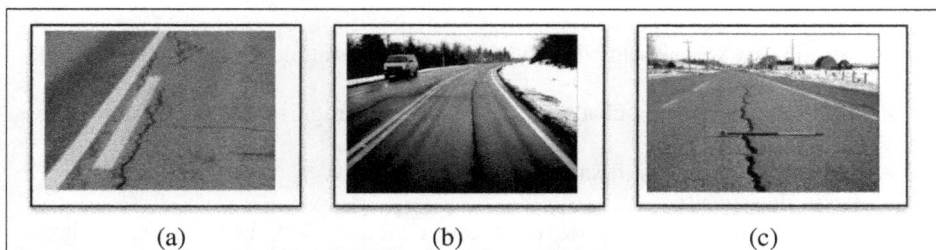

(a)   (b)   (c)

Figure 16.I. Fissures longitudinales.

I.11.1.4. Fissures de gel
A. Description : rupture du revêtement générant une fissure active sous l'effet du gel, soit rectiligne et localisée au centre de la voie ou de la chaussée.

B. Causes probables
- ➢ Infrastructure gélive et soulèvements différentiels.
- ➢ Comportement gélif différentiel.
- ➢ Remblai instable.
- ➢ Drainage inadéquat.

C. Niveau de sévérité
- ❖ **Faible :** Fissures simples dont les ouvertures sont inférieures à 10mm. Les bords sont en général francs et bien définis. Figure (17.I.A)
- ❖ **Moyen :** Fissures simples ou fissures multiples le long d'une fissure principale, celle-ci étant ouverte de 10 à 25mm. Les bords sont un peu affaissés. Sans être inconfortable, la fissure est perceptible par l'usager. Figure (17.I.B)
- ❖ **Majeur :** Fissures simples ou fissures multiples le long d'une fissure principale, celle-ci étant ouverte de plus de 25mm. Les bords sont souvent érodés et il y'a affaissement ou soulèvement au gel au voisinage de la fissure. Figure (17.I.C)

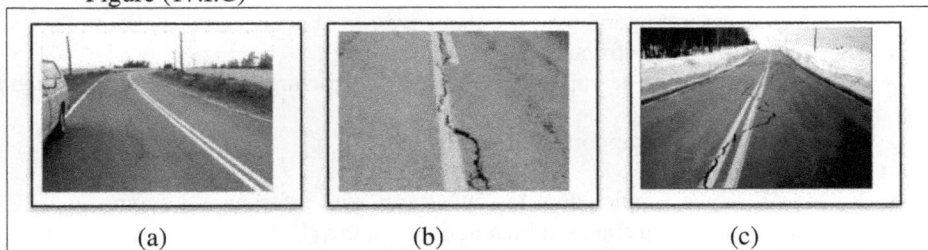

(a)   (b)   (c)

Figure 17.I. Fissures de gel.

I.11.1.5. Fissures en carrelage
A. Description : rupture du revêtement sur des superficies plus ou moins étendues, formant un modèle de fissuration à petites mailles polygonales dont la dimension moyenne est de l'ordre de 300mm ou moins.

B. Causes probables
> Fatigue (ex : épaisseur de revêtement insuffisante). Comportement gélif différentiel.
> Vieillissement de la chaussée (oxydation et fragilisation su bitume dans l'enrobé).
> Capacité portante insuffisante.

C. Niveau de sévérité
❖ **Faible :** Maillage composé de fissures simples aux bords francs. Figure (18.I.A)
❖ **Moyen :** Maillage composé de fissures simples aux bords faiblement détériorés.
Figure (18.I.B)
❖ **Majeur :** Maillage composé de fissures simples aux bords détériorés. Figure (18.I.C)

(a)   (b)   (c)

Figure 18.I. Fissures en carrelage.

I.11.1.6. Fissures en rive
A. Description : rupture en ligne droite ou en arc de cercle, le long de l'accotement ou de la bordure, ou décollement du revêtement le long de la bordure.

B. Causes probables
> Manque de support latéral (ex : accotement étroit et pente de talus abrupte).
> Discontinuité dans la structure (ex : élargissement).
> Apport latéral d'eau de ruissellement dans la structure de la chaussée (milieu urbain).
> Assèchement du sol support (milieu urbain).

C. Niveau de sévérité
❖ **Faible :** Fissures simples dont les ouvertures sont inférieures à 5mm. Les bords sont en général francs et bien définis. Figure (19.I.A)
❖ **Moyen :** Fissures simples ou fissures multiples le long d'une fissure principale, celle-ci étant ouverte de 5 à 20mm. Les bords sont parfois érodés et un peu affaissés.
Figure (19.I.B)
❖ **Majeur :** Fissures simples ou fissures multiples le long d'une fissure principale, celle-ci étant ouverte de plus de 20mm. Les bords sont souvent

érodés et il y'a affaissement ou soulèvement au gel au voisinage de la fissure. Figure (19.I.C)

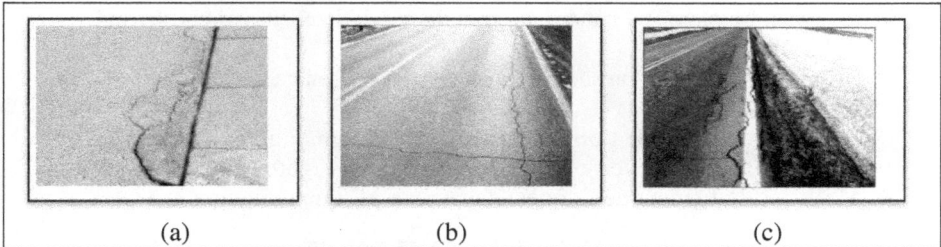

(a)   (b)   (c)

Figure 19.I. Fissures en rive.

I.11.2 Les ornières
I.11.2.1.Ornière à faible rayon
A. Description : Dépression longitudinale simple, double et parfois triple, de l'ordre de 250mm de largeur, située dans les pistes de roues. Le profil transversal de ces dépressions est souvent similaire à des traces de pneus simples ou jumelés.

B. Causes probables
- ➤ Enrobé à stabilité réduite par temps chaud (bitume trop mou ou surdosage).
- ➤ Enrobé trop faible pour bien résister au trafic (fluage).
- ➤ Compactage insuffisant de l'enrobé lors de la mise en place.
- ➤ Usure de l'enrobé en surface (abrasion).

C. Niveau de sévérité
- ❖ **Faible :** Profondeur de l'ornière inferieure à 10mm. Figure (20.I.A)
- ❖ **Moyen :** Profondeur de l'ornière de 10 à 20mm. Figure (20.I.B)
- ❖ **Majeur :** Profondeur de l'ornière supérieure à 20mm. Figure (20.I.C)

(a)   (b)   (c)

Figure 20.I. Ornière à faible rayon.

I.11.2.2. Ornière à grand rayon
A. Description
Dépression longitudinale simple située dans les pistes de roues. La forme transversale de la dépression correspond à celle d'une courbe parabolique très évasée.

B. Causes probables
➢ Vieillissement (accumulation des déformations permanentes).
➢ Capacité structurale insuffisante de la chaussée.
➢ Mauvais drainage des matériaux granulaires de la chaussée (ex: période de dégel).
➢ Usure (milieu urbain ou secteur avec circulation peu canalisée).

C. Niveau de sévérité
❖ **Faible:** Profondeur de l'ornière inférieure à 10 mm. Figure (21.I .A)
❖ **Moyen :** Profondeur de l'ornière de 10 à 20 mm. Figure (21.I.B)
❖ **Majeur :** Profondeur de l'ornière supérieure à 20 mm. Figure (21.I.C)

(a)   (b)   (c)

Figure 21.I. Ornière à grand rayon.

I.11.3. Affaissement
A. Description
Distorsion du profil en bordure de la chaussée ou au voisinage de conduites souterraines.

B. Causes probables
➢ Manque de support latéral et instabilité du remblai.
➢ Présence de matériaux inadéquats ou mal compactés.
➢ Zone de déblai argileux ou secteurs marécageux.
➢ Affouillement ou assèchement du sol support (milieu urbain).
➢ Mauvais état des réseaux souterrains.

C. Niveau de sévérité
❖ **Faible :** Dénivellation dont la profondeur est inférieure à 20 mm sous la règle de 3 m. À la vitesse maximale permise, la sécurité n'est pas compromise et l'effet sur le confort au roulement est négligeable. Figure (22.I.A)
❖ **Moyen :** Dénivellation dont la profondeur se situe entre 20 et 40 mm sous la règle de 3 m. À la vitesse maximale permise, la sécurité est peu compromise et le confort au roulement est modérément diminué. Figure (22.I.B)
❖ **Majeur :** Dénivellation dont la profondeur est supérieure à 40 mm sous la règle de 3 m. À la vitesse maximale permise, la sécurité est compromise et le conducteur doit ralentir. Le confort au roulement est fortement diminué. Figure (22.I.C)

(a)   (b)   (c)

Figure 22.I. Affaissement.

I.11.4. Soulèvement différentiel
A. Description
Gonflement localisé de la chaussée en période de gel, aussi bien parallèle que perpendiculaire à l'axe de la chaussée.
B. Causes probables
> Infrastructure gélive, phénomène hivernal récurrent.
> Matériaux sensibles à l'humidité, phénomène permanent.
> Nappe phréatique élevée et présence d'eau aux abords de la chaussée.
> Hétérogénéité des matériaux ou transition inadéquate dans la chaussée.
> Conduites souterraines à faible profondeur (milieu urbain).
C. Niveau de sévérité
❖ **Faible :** Dénivellation progressive dont la hauteur est inférieure à 50 mm. À la vitesse maximale permise, la sécurité n'est pas compromise et l'effet sur le confort au roulement est négligeable. Figure (23.I.A)
❖ **Moyen :** Dénivellation progressive dont la hauteur se situe entre 50 et 100 mm. À la vitesse maximale permise, la sécurité est peu compromise et le confort au roulement est modérément diminué. Figure (23.I.B)
❖ **Majeur :** Dénivellation progressive dont la hauteur est supérieure à 100 mm ou dénivellation brusque quelle que soit sa hauteur. À la vitesse maximale permise, la sécurité est compromise et le conducteur doit ralentir. Le confort au roulement est fortement diminué. Figure (23.I.C)

(a)   (b)   (c)

Figure 23.I. Soulèvement différentiel.

I.11.5. Désordre du profil
A. Description
Pentes et géométrie inappropriées favorisant l'accumulation des eaux de ruissellement en flaques sur la surface de la chaussée.
B. Causes probables
> ➢ Points bas non drainés.
> ➢ Affaissement le long des bordures (milieu urbain).
C. Niveau de sévérité
> ❖ **Faible :** Accumulation d'eau sur une profondeur de moins de 20 mm. Figure (24.I .A)
> ❖ **Moyen :** Accumulation d'eau sur une profondeur de 20 à 40 mm. Figure (24.I.B)
> ❖ **Majeur :** Accumulation d'eau sur une profondeur de plus de 40 mm. Figure (24.I.C)

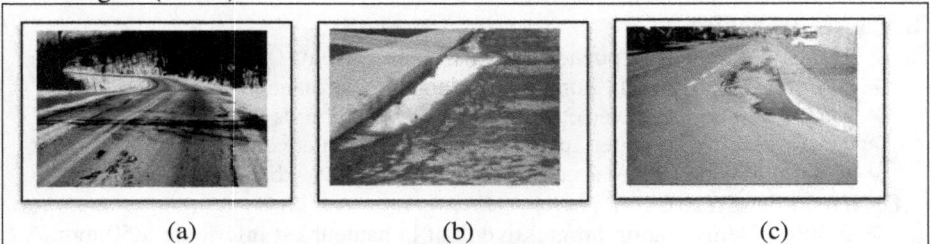

(a)   (b)   (c)

Figure 24.I. Désordre du profil.

I.11.6. Désenrobage et arrachement
A. Description
Érosion du mastic et perte des gros granulats en surface produisant une détérioration progressive du revêtement.
B. Causes probables
> ➢ Usure par trafic intense.
> ➢ Sous-dosage du bitume ou mauvais enrobage.
> ➢ Compactage insuffisant.
> ➢ Surchauffe ou vieillissement de l'enrobé (oxydation et fragilisation).
> ➢ Sollicitations accrues en zone de virage et de freinage (milieu urbain).
C. Niveau de sévérité
> ❖ **Faible :** Perte tout juste observable du mastic ou des gros granulats, principalement dans les pistes de roues. Figure (25.I.A)
> ❖ **Moyen :** Perte facilement observable du mastic laissant les gros granulats très apparents ou perte des gros granulats laissant un patron régulier de petites cavités généralisées à toute la surface. Figure (25.I.B)
> ❖ **Majeur :** Surface entièrement érodée et dégradation accentuée dans les pistes de roues (début d'orniérage par usure).Figure (25.I.C)

(a)   (b)   (c)

Figure 25.I. Désenrobage et arrachement.

I.11.7. Ressuage
A. Description
Remontée de bitume à la surface du revêtement, accentuée dans les pistes de roues.
B. Causes probables
➢ Surdosage du bitume.
➢ Effet combiné de la température élevée du revêtement et des sollicitations du trafic.
➢ Excès de liant d'accrochage.
➢ Formulation d'enrobé inadaptée aux sollicitations.
➢ Formulation d'enrobé inadaptée aux sollicitations.
C. Niveau de sévérité
❖ **Faible :** Le ressuage est surtout détectable dans les pistes de roues par l'apparition d'une bande de revêtement plus foncée et lorsque moins de 25 % de la surface de la chaussée est affectée. On distingue encore bien les gros granulats.
Figure (26.I.A)
❖ **Moyen :** Les pistes de roues sont bien délimitées par la couleur noire du bitume et moins de 50 % de la surface de la chaussée est affectée. Les gros granulats sont difficilement visibles. Figure (26.I.B)
❖ **Majeur :** Aspect humide et luisant de la plus grande partie de la surface. La texture de l'enrobé est impossible à discerner. Le bruit des pneus est similaire à celui produit sur un revêtement mouillé. La plus grande partie de la surface est affectée. Figure (26.I.C)

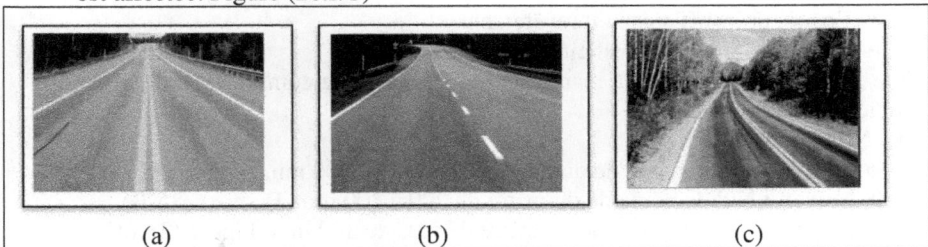

(a)   (b)   (c)

Figure 26.I. Ressuage.

I.11.8. Pelade
A. Description
Arrachement par plaques de l'enrobé de la couche de surface.
B. Causes probables
  ➤ Mauvaise adhérence de la couche de surface (ex: manque de liant d'accrochage, incompatibilité chimique, saleté entre les couches).
  ➤ Épaisseur insuffisante de la couche de surface.
  ➤ Chaussée fortement sollicitée par le trafic.
C. Niveau de sévérité
  ❖ **Faible :** Pelade dont la surface d'arrachement est inférieure à 0,5 m carré. Figure (27.I.A)
  ❖ **Moyen :** Pelade dont la surface d'arrachement est de 0,5 à 1,0 m carré. Figure (27.I.B)
  ❖ **Majeur :** Pelade dont la surface d'arrachement est supérieure à 1,0 m carré. Figure (27.I.C)

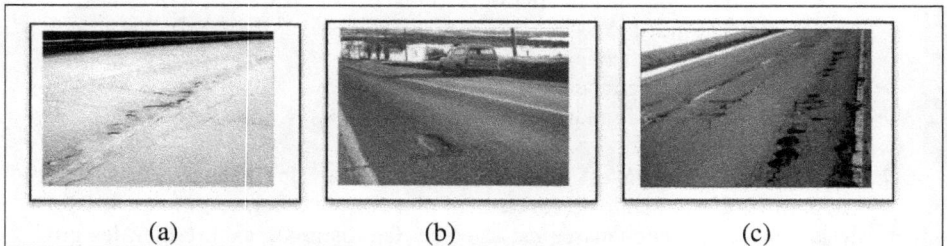

(a)   (b)   (c)

Figure 27.I. Pelade.

I.11.9. Nid de poule
A. Description
Désagrégation localisée du revêtement sur toute son épaisseur formant des trous de forme généralement arrondie, au contour bien défini, de taille et de profondeur variables.
B. Causes probables
  ➤ Faiblesse ponctuelle de la fondation.
  ➤ Épaisseur insuffisante du revêtement.
  ➤ Chaussée fortement sollicitée par le trafic lourd.
Note : Le nid de poule est la manifestation finale d'une combinaison de différents problèmes.
C. Niveau de sévérité
  ❖ **Faible :** Nid de poule de diamètre de moins de 200 mm. Figure (28.I.A)
  ❖ **Moyen :** Nid de poule de diamètre de 200 à 300 mm. Figure (28.I.B)
  ❖ **Majeur :** Nid de poule de diamètre de plus de 300 mm. Figure (28.I.C)

(a)	(b)	(c)

Figure 28.I. Nid de poule.

I.11.10. Fissuration autour des regards et des puisards
A. Description
Rupture du revêtement suivant un tracé circulaire et/ou radial.
B. Causes probables
> Consolidation ou tassement de la chaussée.
> Cycles de gel et de dégel.
> Impacts dynamiques.
> Perte de matériaux autour de la structure.
C. Niveau de sévérité
❖ **Faible :** Fissures simples et intermittentes dont les ouvertures sont inférieures à 5 mm. Les bords sont en général francs et bien définis. Les fissures avec scellement en place en bonne condition sont incluses dans ce niveau de sévérité ou elles peuvent aussi être comptabilisées à part selon l'usage qui sera fait de l'information. Figure (29.I.A)
❖ **Moyen :** Fissures simples ou fissures multiples le long d'une fissure principale, celle-ci étant ouverte de 5 à 20 mm. Les bords sont parfois érodés et un peu affaissés. Sans être inconfortable, la fissure est perceptible par l'usager.
Figure (29.I.B)
❖ **Majeur :** Fissures simples ou fissures multiples le long d'une fissure principale, celle-ci étant ouverte de plus de 20 mm. Les bords sont souvent érodés et il y a affaissement ou soulèvement au gel au voisinage de la fissure. Le confort au roulement est diminué par les déformations de surface. Figure (29.I.C)

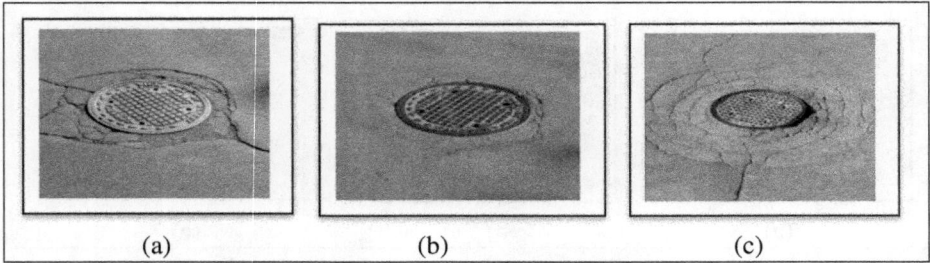

| (a) | (b) | (c) |

Figure 29.I. Fissuration autour des regards et des puisards.

I.11. ENTRETIEN DES CHAUSSEES SOUPLES

Du point de vue de l'entretien, on considère habituellement deux types d'interventions liées à l'importance des dégradations et aux moyens à mettre en œuvre [40], [20], [28] :

- L'entretien courant.
- L'entretien périodique.

I.11.1. Entretiens courants

I.11. 1.1. Purge

Elle consiste à substituer tout ou partie des matériaux du corps de chaussée par des matériaux de meilleure qualité. On distingue la purge superficielle, seule une partie des matériaux est remplacée, de la purge profonde, tous les matériaux sont remplacés (assise). Il s'agit d'une opération onéreuse nécessitant une haute qualité de réalisation afin d'assurer sa durabilité.

Elle débute par un repérage, puis par un découpage franc des bords (scie ou fraiseuse). Après élimination des matériaux pollués viennent les étapes de fraisage de la fouille, de compactage puis de remplissage du fond de fouille. Enfin, on procède à un compactage (intense) et à une imperméabilisation des bords.

I.11.1.2. Bouchage de nid de poule

Il consiste à rendre à la chaussée son état initial en rebouchant les nids de poule dès la constatation de leur apparition. Il procède par découpage (bords verticaux), élimination des parties non liées (ce qui implique décapage et nettoyage), accrochage (épandage d'émulsion), remplissage, compactage (intense) et enfin traitement de la surface.

I.11.1.3. Reprofilage

Il s'agit de redonner à la chaussée un profil en travers correct (pour évacuer l'eau) et un profil en long régulier (pour sécuriser et améliorer le confort des usagers), généralement par apport de matériaux.

Il nécessite tout d'abord un repérage, puis un accrochage (si le béton bitumineux est chaud, est préférable à toute autre technique). Le choix du matériau dépend de l'épaisseur à reprofiler et du trafic. Ensuite viennent les étapes de répandage et de compactage. Elles sont suivies par une étape de vérification de la pente (2 à 5% max), si la surface doit encore être traitée, on procède par scellement. L'opération se termine par un drainage.

I.11. 1.4. Imperméabilisation de surface (emploi partiel)
Elle est destinée à éviter que l'eau ne pénètre à l'intérieur du corps de chaussée et à empêcher le départ par arrachement des matériaux de surface. La pénétration d'eau peut être due aux fissures (longitudinales de construction, transversales de retrait soit hydraulique, soit thermique soit de construction, ou encore de faïençage par fatigue), aux arrachements par pelade ou plumage, ou enfin à la porosité du revêtement par usure (vieillissement du liant).

Cette opération consiste à réaliser un enduit superficiel d'usure localisé, le plus souvent avec de l'émulsion de bitume et du gravillonnage.

I.11.1.5. Traitement des ressuages
Cette opération vise à supprimer les effets néfastes (problèmes de glissance par temps de pluie et de collage des pneumatiques par temps de fortes chaleurs) liés à la présence de l'excès de bitume à la surface de la chaussée, en réincorporant des gravillons dans l'excès de liant.

Une première technique est le cloutage : il consiste en un gravillonnage à sec, puis en un enchâssement par cylindrage. Une deuxième technique est le grenaillage : il consiste en un bombardement du revêtement par des billes d'acier, ce qui entraîne une décohésion du film de liant en excès, la chaussée recouvre alors une rugosité satisfaisante. Une troisième technique est le brûlage : elle consiste à réduire le liant en excès par choc thermique à la lance (chalumeau au gaz), puis à épandre des gravillons et à les enchâsser par cylindrage. Une quatrième technique consiste à avoir recours aux méthodes thermo.

I.11.1.6. Scellement des fissures (pontage, colmatage)
Il s'agit d'une technique d'obturation des fissures visant à les rendre étanches. Trois principales techniques existent. La première est la pénétration : elle consiste à introduire par gravité un liant fluide dans le corps de chaussée. La deuxième est le garnissage : elle consiste à couler un produit d'étanchéité dans une réservation (cas des joints de chaussée en béton de ciment). La dernière est le pontage : il consiste à épandre un mastic en faible surépaisseur à cheval sur la fissure.

I.11.2. Entretiens périodiques
I.11.2.1. Renouvellement des couches de surface
Il consiste à enlever la couche de surface déjà en place et à la remplacer par une nouvelle couche, afin de corriger les défauts de la chaussée sans en élever le profil.

I.11.2.2. Rechargement
Il consiste à ajouter à une chaussée existante une nouvelle couche d'enrobé bitumineux (rechargement simple), ou plusieurs couches d'enrobé bitumineux (rechargement lourd).

I.11.2.3. Renforcement
Il consiste en l'application de techniques d'entretien ou de construction appropriées pour remettre à neuf une chaussée dégradée et, éventuellement, pour améliorer certaines de ses caractéristiques fonctionnelles.

I.11.3.Les Techniques thermo
Le **thermo reprofilage** procède en quatre étapes : chauffage, scarification, mise au profil transversal et compactage. Il sert à rectifier les profils en travers (ornières), en long (flaches limitées) et à reconditionner après des désordres superficiels (usure par arrachements, intégrité de la couche de roulement mise à mal).

La **thermo régénération** procède en six étapes : chauffage, scarification, élimination des vieux enrobés en surface (fraisage ou lame), mise au profil transversal, apport d'enrobés neufs en surface et enfin compactage. Il sert à rectifier les profils, améliorer l'uni, restituer la texture, densifier le revêtement, imperméabiliser les enrobés poreux ou les fissures et consolider un ancien enrobé avant rechargement.

Le **thermo recyclage** procède en neuf étapes : préchauffage de la chaussée, chauffage du revêtement, élimination des vieux enrobés en surface, scarification, reprise de l'ancien enrobé par une lame, malaxage avec des enrobés d'apport et des correcteurs, épandage, pré-compactage par une table lourde de finisseur, et enfin compactage. Il sert à rectifier les défauts de formulation (mélange trop déformable), à lutter contre le vieillissement du bitume par durcissement et contre l'usure de la couche de roulement.

I.12. CONCLUSION
Concernant les chaussées souples, leur détérioration résulte principalement d'une accumulation de déformations consécutives à une portance insuffisante de la structure. L'amplitude et l'extension des déformations est un élément capital d'appréciation de l'état d'endommagement de la structure, le relevé des fissurations n'apportant qu'une information complémentaire sur les risques de voir ces déformations s'amplifier et/ou s'accélérer.

La détérioration des chaussées à assise traitée se produit par ruptures et arrachements : les déformations traduisent des phénomènes de fluage de la couche de roulement ou, plus rarement, des stades ultimes de fissuration avec mouvement de bloc. Le relevé des fissurations est primordial, car il donne directement accès à l'endommagement structurel, les déformations résultent le plus souvent de phénomènes d'orniérage, sans rapport avec l'état de l'assise. Enfin, la détection d'un décollement entre le revêtement et l'assise devient un élément important d'analyse de la fissuration, notamment du faïençage.

Nous pouvons donc postuler qu'il existe plusieurs morphologies de fissuration, parfaitement reconnaissables, qui traduisent des phénomènes de détérioration distincts, on parle de familles de fissures (transversales, longitudinales spécifiques aux bandes de roulement ou non, etc.). Au sein de chaque famille, certains caractères (ramifications, épaufrures) trahissent le degré d'évolution du phénomène. Par ailleurs, l'extension de la fissuration détermine la zone touchée par le phénomène, et donc le volume des travaux à entreprendre.

De nombreuses études ont été menées dans le but d'améliorer la stabilité thermique et les caractéristiques des revêtements routiers. Une des possibilités est l'incorporation de caoutchouc recyclé dans l'asphalte. Dans cette étude, nous avons tenté d'introduire des granulats des pneus usés dans la couche de base et la couche de roulement et de traiter les couches d'assise (couche de base et couche de fondation) d'une chaussée souple par le ciment et l'argile dans le but d'améliorer les caractéristiques mécaniques ainsi les conditions exigées par les normes.

Les résultats des essais seront présentés ultérieurement dans les chapitres qui suivent. On commencera par présenter dans le chapitre II, les différentes techniques de traitement d'une chaussée souple, traitées dans notre étude.

CHAPITRE II
TECHNIQUES DE TRAITEMENT D'UNE
CHAUSSEE SOUPLE

II.1. INTRODUCTION

Toutes les chaussées anciennes ont été construites pour une circulation peu intense, de façon absolument empirique, en prenant simplement quelques précautions lorsque le terrain était visiblement peu résistant. Il en résulte que la plupart d'entre elles sont incapables de supporter la circulation lourde en progression rapide, et, si on ne prenait aucune mesure, évolueraient très rapidement vers la ruine.

Au surplus, les transformations qui peuvent se produire au sein d'une chaussée sous l'effet de la circulation (usure interne des matériaux, dite attrition – contamination des couches inférieures par remontées d'argiles ou de limons provenant du sous-sol) sont généralement de nature à réduire la qualité des assises et la résistance globale de la chaussée.

Pour remédier à ce problème, plusieurs techniques ont été proposées pour le traitement des couches de base et de fondation dont le but est, d'augmenter la densité d'une part, et la résistance globale de la chaussée d'autre part.

Dans ce chapitre, sont présentées trois techniques de traitement pour les couches d'assise, voire le traitement avec ajout de ciment, d'argile et de bitume,

En plus de ces trois techniques de traitement des couches d'assise, nous avons essayé de traiter la couche de roulement et la couche de base par, introduction des granulats de caoutchouc (obtenus par broyage de pneus usés), dans le but d'augmenter la densité de l'enrobé et sa résistance au fluage.

II.2. TRAITEMENT DE LA COUCHE DE BASE ET DE FONDATION

Quelle que soit leur qualité , les graves non traitées répartissent assez mal les charges sur le sol de fondation et ne peuvent convenir que pour les chaussées à faible trafic ou pour certaines utilisations particulières. Les ingénieurs ont donc cherché des techniques de traitement permettant de rigidifier. Les premières tentatives ont porté sur l'utilisation de ciment [5], [8], [17], [23], [28].

II.2.1. Traitement avec ajout de ciment

Le composé de base des ciments actuels est un mélange de silicates et d'aluminates de calcium résultant de la combinaison de la chaux (CaO) avec la silice (S_iO_2), l'alumine (Al_2O_3) et l'oxyde de fer (Fe_2O_3). La chaux nécessaire est apportée par des roches calcaires, l'alumine, la silice et l'oxyde de fer par des argiles [18], [27], [36].

Le ciment a pour effet principal , sinon unique , de faire floculer les argiles et de réduire leur nocivité , au point que le matériau devient insensible à l'eau.

L'adjonction de ciment à des matériaux destinés à la confection de couches de base ou de fondation répond à des objectifs variés. Il s'agit soit de rendre insensibles à l'eau des matériaux non exempts de plasticité , soit de donner de cohésion à certains matériaux fins(sables) impropres à constituer , sans traitement , une couche supérieure de chaussée , soit encore d'augmenter les performances de matériaux de bonne granulométrie destinés à constituer des couches de base de chaussées très chargées (autoroutes , voirie urbaine , etc.).

Le mécanisme de cette technique est complexe, tout d'abord la chaux libérée par l'hydratation du ciment réduit la plasticité des fines du matériau traité. Des échanges ioniques ont lieu avec les particules argileuses dont les charges électriques sont alors modifiées. Cette action est rapide et prépondérante dans les sols modifiés. D'autre part, la cimentation des grains entre eux intervient, comme dans les bétons hydrauliques, pour conférer de la cohésion et augmenter le frottement interne du matériau traité. On pense que dans les sols fins plastiques (silts, limons), il se crée un réseau de ciment enfermant les particules du sol. C'est ce réseau qui donne une certaine cohésion.

II.2.1.1. Avantages et inconvénients de la technique
➤ **Avantages**
- Matériau lié stable.
- Simplicité du matériel de fabrication et de mise en œuvre.
- Faible sensibilité aux hétérogénéités du sol support.

➤ **Inconvénients**
- Inutilisable en renforcement de chaussée sous circulation.
- Chantier peu souple en raison du court délai entre la fabrication et la mise en œuvre (prise rapide) et l'interdiction de circuler pendant sept jours après mise en en œuvre.
- Grande sensibilité aux conditions climatiques lors de la mise en œuvre.
- Grande influence des variations du dosage en ciment sur les caractéristiques mécaniques.
- Épaisseur minimale nécessaire : 15cm.
- Fissuration sous l'action des contraintes dues à l'amplitude thermique entre l'hiver et l'été.
- Faible résistance à la fatigue (matériau fragile peu déformable).

II.2.1.2. Spécifications des couches stabilisées au ciment
Les graves stabilisées au ciment ont fait l'objet d'une Directive de février 1969 de la Direction des Routes. Les recommandations se résument comme suit [27], [17] :

➤ **Grave :** une grave est un mélange de granulats naturels ou artificiels, à granulométrie continue, de cailloux, de graviers et de sables, avec parfois présence de particules fines.
➤ **Dimension maximale :** pour une grave 0/D, la dimension maximale des gros éléments sera :
  - Pour une couche de base de chaussée noire ou une couche de fondation de chaussée en béton : $D \leq 20$mm   (tamis)
  - Pour une couche de fondation de chaussée noire : $D \leq 31.5$mm (tamis)

Il s'agit là d'un maximum à ne pas dépasser : une dimension maximale faible permet d'obtenir une plus grande homogénéité en facilitant le malaxage et en réduisant la ségrégation lors des diverses opérations de fabrication et de mise en œuvre, elle permet également d'obtenir un bon uni. Pour une grave alluvionnaire, on n'hésitera pas à retenir une dimension maximale plus faible si la quantité d'éléments concassés qui serait obtenue avec une dimension maximale de 20mm était insuffisante.

> **Courbes granulométriques**

On trouvera dans l'annexe I, des fuseaux imposés pour les graves utilisées :

- en couche de base de chaussée noire (grave 0/20mm) ;
- en couche de fondation de chaussée noire (grave 0/31.5mm).

Les fuseaux indiqués doivent être considérés à la fois comme exemples-types de fuseaux de contrôle et comme fuseaux de spécifications (contenant 95 % des courbes granulométriques obtenues lors du contrôle).

> **Angularité**

On appellera « pourcentage d'éléments concassés » contenu dans la grave 0/D à traiter, le pourcentage, par rapport à cette grave, des éléments provenant du concassage des éléments supérieurs à D de la grave tout-venant d'origine.

Le pourcentage d'éléments concassés provenant du concassage de la fraction de calibre supérieur à D (20mm ou 31.5mm selon le cas) doit satisfaire aux conditions présentées dans l'annexe II.

> **Dureté**

Le coefficient Deval humide des granulats sera supérieur à 3(avec cependant une certaine tolérance pour les assises soumises aux efforts les plus faibles).

Le coefficient Los Angeles des granulats satisfera aux conditions figurant dans l'annexe II.

> **Pollution**

Les graves utilisées devront posséder :

- un équivalent de sable E.S > 30.
- un indice de plasticité I_P non mesurable.

> **Ciment**

Les graves utilisées étant exclusivement des graves propres, on pourra employer tous les types de ciments portlands (avec ou sans constituants secondaires) ou de ciments métallurgiques de classe 325, ou éventuellement de classe 250.

> **Eau**

L'eau sera exempte de matières organiques. La teneur en eau de compactage sera soigneusement fixée par l'étude de laboratoire. Ce sera celle pour laquelle les résistances mécaniques seront les plus élevées, sans cependant être inférieure de plus de 1 % à la teneur en eau optimale du Proctor Modifié du mélange avec ciment. On peut être amené à fixer une teneur en eau de malaxage légèrement différente de la teneur en eau de compactage souhaité, pour tenir compte de modifications de teneur en eau en cours de transport et de mise en œuvre.

II.2.1.3. Principe de base - critères de qualité

La réussite d'un corps de chaussée lié au ciment est fortement dépendante de l'attention portée d'une part, à la teneur en eau et au compactage du mélange et d'autre part, à la protection contre la dessiccation des matériaux après leur mise en œuvre. En effet, un défaut de cure et/ou de compactage a des conséquences néfastes sur la résistance mécanique du matériau. La qualité de ces deux facteurs constitue donc une condition nécessaire pour une bonne résistance à l'érosion de la surface de la fondation [6], [21], [37].

Il est fréquent que les couches stabilisées au ciment se fissurent quelques jours ou quelques semaines après l'exécution des travaux, malgré les faibles dosages en ciment, il ya du retrait et il est difficile de s'opposer à ces variations de volume. Cette fissuration n'est d'ailleurs pas dangereuse mais, lorsque les revêtements sont minces, elle apparait à la surface de la chaussée (Figure 1.II).

Figure 1.II. Fissurations des chaussées stabilisées au ciment.

II.2.2. Traitement avec ajout de bitume

Le bitume est une substance composée d'un mélange d'hydrocarbures, très visqueuse (voire solide) à la température ambiante et de couleur noire.

Industriellement les bitumes sont fabriqués à partir de pétrole brut d'où l'on extrait, au préalable, les fractions les plus légères. De la partie restante, constituée par des huiles visqueuses, on sépare le bitume avec la dureté désirée. Dans le langage courant, on le confond souvent avec le goudron d'origine houillère, ou avec l'asphalte dont il n'est qu'un composant.

Plus généralement, le bitume désigne tout mélange d'hydrocarbures extraits du pétrole par fractionnement qui, sous forme pâteuse ou solide est liquéfiable à chaud et adhère sur les supports sur lesquels on l'applique.

On utilise pratiquement les bitumes ainsi préparés sous trois formes différentes :

➢ telles quelles ;
➢ sous forme de cut-backs : bitumes fluidifiés par addition de solvants volatiles ;
➢ sous forme d'émulsion aqueuse ou émulsion de bitume.

En construction routière, il sert de liant pour la réalisation de matériaux enrobés à chaud, tels que les bétons bitumineux ou les graves bitumes. Il entre également dans la fabrication d'enduits superficiels sous forme d'émulsion ou bien fluidifié par un solvant.

Comme dans le cas des stabilisations au ciment, le but poursuivi est d'augmenter les qualités d'un matériau déjà utilisable sans traitement, ou de rendre utilisable un matériau naturellement impropre à constituer une couche de base ou de fondation.

La technique des enrobés à chaud a beaucoup évolué au cours des vingt dernières années. Durant cette période, l'effort a non seulement porté sur les couches de roulement, mais aussi sur les diverses formules d'enrobés susceptibles, d'être employés pour la réalisation des couches situées à un niveau inférieur dans la chaussée.

Il s'agit d'un enrobé à chaud réalisé à partir de granulats de qualité et d'un liant hydrocarboné dur, c'est-à-dire à pénétration faible [16].

L'obtention d'une bonne compacité est nécessaire à la bonne tenue de la grave-bitume dans le temps, il est nécessaire de la mettre en œuvre en épaisseur suffisante.

L'épaisseur minimale admissible est d'environ 10cm, en épaisseur moindre, non seulement la compacité obtenue est insuffisante, mais les performances du matériau à la fatigue décroissent rapidement.

L'épaisseur maximale est fonction des données du projet (intensité du trafic, pourcentage de poids lourds, puissance du renforcement nécessaire), mais aussi des moyens de fabrication et de mise en œuvre.

En l'état actuel de la technique (répandage, compactage), elle est de l'ordre de 25cm, qu'il faut s'efforcer de mettre en œuvre en une seule couche. La compacité du matériau et par suite la bonne tenue de la chaussée en dépendent dans une large mesure.

II.2.2.1. Avantages et inconvénients de la technique :
 ➢ **Avantage :**
  • ne fissure pas sous l'action des contraintes thermiques sauf conditions extrêmes.
  • utilisable en renforcement de chaussée sous circulation.
 ➢ **Inconvénients :**
  • risque d'orniérage sous trafic lourd.
  • grande sensibilité aux hétérogénéités de portance du sol support ou de la couche support.
  • épaisseur minimale importante (10 cm en 0/20mm – 12 cm en 0/31.5mm).
  • matériel de fabrication et de mise en œuvre de grande taille à cause de gros débits nécessaires (centrale d'enrobage d'au moins 200 t/h).

- contraintes de mise en œuvre habituelles aux enrobés (délai de mise en œuvre très court , distance centrale-chantier limitée , difficultés pour travailler en hiver).

II.2.2.2. Spécifications des couches stabilisées au bitume

Le grand développement des émulsions de bitume en France a conduit nombre d'ingénieurs à utiliser ce liant pour le traitement de graves en vue de la réalisation de couches de base ou de fondation. Dans une Directive d'avril 1969, la Direction des Routes a réuni l'ensemble des recommandations indispensables, dans l'état actuel de la technique. Ces recommandations se résument ainsi [16], [28]:

- **Calibre maximum D :** 20mm pour une couche de base et 31.5mm pour une couche de fondation (calibre au tamis à mailles carrées).
- **Teneur en fines (80µm) :** 3 à 8% pour une couche de base, 2 à 7% pour une couche de fondation.
- **Granulométrie :** On trouvera dans l'annexe I, des fuseaux imposés pour les graves utilisées :
  - en couche de base de chaussée noire (grave 0/20mm) ;
  - en couche de fondation de chaussée noire (grave 0/31.5mm).
- **L'équivalent de sable ES :** l'équivalent de sable sera supérieur à 40 et l'indice de plasticité I_P est non mesurable.
- **Le pourcentage d'éléments concassés,** doit satisfaire aux conditions présentées dans l'annexe II.
- **Dureté :** le coefficient Los Angeles des granulats satisfera aux conditions figurant dans l'annexe II.
- **Teneur en bitume :** 2 à 5%.

II.2.3. Traitement avec ajout d'argile

Tout sol naturel en place comme tout sol remanié contient de nombreux vides remplis d'air et donne lieu à des tassements sous l'influence des charges. Pour utiliser un sol quelconque comme couche de chaussée, il faut le stabiliser, c'est-à-dire améliorer ses qualités routières de façon qu'il puisse supporter la circulation même dans des conditions défavorables d'imbition ou de sécheresse. Le traitement avec ajout d'argile est, une technique qui nous permet d'augmenter la densité et de diminuer la teneur en eau du matériau traité.

Les gros éléments (supérieurs à 2mm) sont formés de calcaire ou de silice, ils ne jouent dans le sol aucun rôle particulier. Il n'en va pas de même pour les fines particules de dimensions inférieures à 2µ. Ces particules sont souvent douées de propriétés colloïdales, ce qui explique la particularité et la diversité du comportement des argiles. La composition minéralogique des fines particules est beaucoup plus variée que celle des éléments plus gros, à côté du calcaire et de la silice, on voit apparaître toute une gamme d'aluminosilicates complexes que l'on appelle minéraux argileux [11].

La connaissance du pourcentage d'éléments passant au tamis de 80μ ne suffit pas pour caractériser un matériau pour couche de base ou de fondation. Il faut encore savoir si ces particules fines sont inertes, c'est-à-dire sont un simple filler minéral provenant du broyage de la roche par concassage ou érosion, ou s'il s'agit de particules actives, c'est-à-dire des particules argileuses qui vont gonfler, lorsqu'elles seront mises en présence d'eau.

II. 3. TRAITEMENT DE LA COUCHE DE ROULEMENT

Les procédés d'entretien des couches de surface des chaussées faisant appel à des liants bitume - caoutchouc se sont développés en France depuis les années 1978. Ce type de mélange permet d'améliorer les caractéristiques du bitume et d'augmenter la durée de service de la couche de surface, soit par enduisage traditionnel avec du matériel classique d'un mélange comportant 13% de poudrette de caoutchouc, soit par fabrication en usine d'une membrane gravillonnée qu'on vient poser ensuite sur les chaussées. Cette façon de procéder a l'avantage de laisser contrôler de manière précise la qualité de la couche de surface.

Plusieurs millions de mètres carrés de couches de chaussée ont déjà été posés avec ces deux produits et il est démontré que ces deux produits, utilisés en trop petite quantité, ne sont pas très économiques. Des tentatives ont été faites pour incorporer des granulats issus des pneumatiques dans les matériaux de chaussées, sur la base des recherches effectuées aux Laboratoires des Ponts et Chaussées, toutefois, bien que les performances mécaniques soient bonnes, les difficultés de mise en œuvre n'ont pas permis le développement espéré.

II. 3.1. Histoire du pneumatique

Après avoir fait breveter son invention, Dunlop fonde en 1889 la première manufacture de pneumatiques. En 1889, les vélos peuvent ainsi rouler sur des pneus qui sont des boudins de caoutchouc gonflés d'air et fixés à la jante. Si le confort est ainsi au rendez-vous, le système n'est pas pratique : en cas de crevaison, changer de pneu est une opération longue et délicate. On doit à Édouard Michelin la résolution de cet épineux problème : en effet, il met au point en 1891 le premier pneumatique démontable contenant une chambre à air. Selon la légende, c'est un cycliste anglais demandant une réparation lors de son passage à Clermont-Ferrand qui aurait donné l'idée à Édouard. Le nouveau pneu est mis à l'épreuve de la réalité la même année par Charles Terront qui sort vainqueur de la première course cycliste Paris-Brest-Paris.

L'invention est un succès immédiat, et pas seulement dans le monde du vélo : très vite, l'automobile s'empare à son tour du pneu, remplaçant les bandages par des pneumatiques. Conçue et fabriquée par Michelin, l'éclair est la première voiture sur pneus (1895). En 1899, la Jamais contente, première voiture à atteindre les 100 km/h est équipée de pneus Michelin. En 1929, un pneu pour les rails est mis au point pour équiper la Micheline. Le premier pneu à clous pour rouler sur le verglas ou la neige est quant à lui mis au point en 1933.

Une des grandes révolutions du pneu, le pneu à carcasse radiale est breveté le 4 juin 1946 par Michelin. La première voiture à en être équipée est la Citroën Traction Avant. En 1951, c'est au tour du métro de se mettre aux pneus à Paris. En 1955, Michelin invente le pneu sans chambre à air (dit Tubeless).Le pneu a, depuis, beaucoup évolué dans des sens très différents : pneus à lamelles pour une meilleure adhérence sur la neige, pneus faisant économiser du carburant par une moindre résistance au roulement, etc.

II. 3.2. Définitions

Un pneu est constitué de caoutchouc (naturel et artificiel), d'adjuvants chimiques (soufre, noir de carbone, huiles, etc.) et de câbles textiles et métalliques. Il entoure une roue et assure le contact entre un véhicule terrestre et le sol, facilitant ainsi les déplacements.

Mieux comprendre comment est composé le pneu permet de mieux analyser les produits qui peuvent en être retirés après un recyclage-matière.

L'enveloppe du pneu est décomposable en quatre éléments principaux :

1. **La carcasse :** elle constitue le squelette du pneu. Supportant la charge , elle doit faire preuve de résistance et de souplesse. L'ossature du pneu est composé de couches de câbles de différents types (nylon, acier, rayonne, polyester, aramide.), enrobées de gommes.
2. **Le talon :** le talon est l'élément rigide de liaison entre la jante et le pneu. Il est composé d'une tringle de câbles d'acier à haute résistance.
3. **La bande de roulement :** elle est composée d'un mélange de caoutchoucs devant résister aux chocs, aux coupures , aux échauffements , à l'abrasion...
4. **Le flanc :** il est constitué de plusieurs types de caoutchoucs. Son rôle est double : il doit, dans sa partie supérieure protéger la carcasse contre les échauffements et l'abrasion, et dans sa partie inférieure (plus épaisse) protéger la carcasse des contacts avec le rebord de la jante.

Sur le plan chimique, un pneu est un matériau composite, à base de caoutchouc synthétique ou naturel, dans lequel sont ajoutés des éléments améliorant les qualités de résistance et de sécurité, tels les plastifiants, les charges renforçantes (noir de carbone), et les agents vulcanisant (dont le souffre).

II. 3.3. Pneus et Environnement

Qu'ils soient émis dans l'atmosphère, déversés dans un cours d'eau ou qu'ils finissent comme déchets, tous les matériaux prélevés dans la nature tels que l'eau, le sable, le gravier et le caoutchouc sont restitués petit à petit à l'environnement sous une forme modifiée par des processus chimiques ou physiques. Il convient de valoriser les déchets lorsque le recyclage provoque une pollution de l'environnement moindre qu'un autre mode d'élimination et la fabrication de nouveaux produits.

Brûler des pneus produits beaucoup d'énergie, mais également une forte pollution. Le rechapage est possible et courant dans certains pays depuis longtemps pour les pneus de camions et gros engins de chantier public (il produit des pneus 40 % moins cher). Mais le recyclage intégral de la ferraille et du caoutchouc nécessite des filières organisées et des matériels sophistiqués. Le brûlage des pneus à l'air libre ou ailleurs qu'en incinérateur spécialisé est interdit dans la plupart des pays. Le pneu broyé est parfois brûlé dans les fours de cimenterie. Il existe de par le monde de nombreuses décharges de pneus.

Si on excepte les risques d'incendies d'incendie des dépôts, le pneu usé ne constitue pas un réel danger pour l'environnement. Cependant, la masse sans cesse croissante de déchet, leur faible vitesse de dégradation et leur compressibilité sont autant de désavantages à leur enfouissement.

II. 3.4. Recyclage des matériaux

Avec le progrès technologique et le développement de nouvelles machines, il est maintenant possible de réduire les pneus en copeaux et de séparer l'acier en une seule opération. Il existe également des procédés de séparation des matières constituantes des pneumatiques basés sur une réaction chimique et thermique.

Les principaux constituants des différents produits obtenus par broyage de pneus usés, sont : les granulats, les fibres textiles et les fibres métalliques.

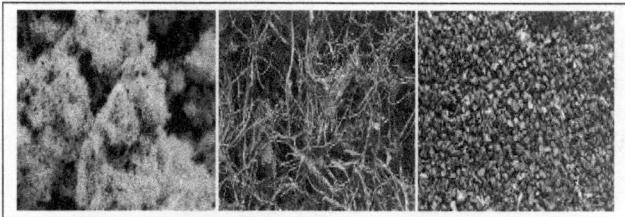

Figure 2.II. Les principaux constituants des différents produits obtenus par broyage de pneus usés.

Si l'armature métallique est aisément recyclée en aciérie, il n'en est pas de même pour le caoutchouc. Diverses voies de valorisation spécifiques sont envisageables :

- **Utilisation du caoutchouc recyclé dans les revêtements routiers**
  De nombreuses études ont été menées dans le but d'améliorer la stabilité thermique et les caractéristiques des revêtements routiers. Une des possibilités est l'incorporation de caoutchouc recyclé dans l'asphalte.
  Les bitumes avec mélange de granulats de caoutchouc recyclé permettent de limiter les nuisances sonores, d'améliorer la sécurité des automobilistes sur routes mouillées, de limiter les nuisances à l'environnement par une limitation du salage en hiver (du fait d'une meilleure tenue de route aux hautes et basses températures), tout en favorisant la valorisation des déchets locaux.
  Les poudrettes de caoutchouc jouent également un rôle important dans la fabrication d'enrobés antibruit. L'amélioration des performances acoustiques

provient de l'absorption des ondes de chocs du pneu en mouvement, par les particules de caoutchouc.

- **Matière de remplissage légère pour les ouvrages de soutènement**
  Des murs de soutènement traditionnels ont été comparés à des murs de soutènement construits avec des pneus déchiquetés. Ces derniers se sont révélés assez stables et entraînent une diminution de 60 % par rapport au coût des ouvrages remplis de sable. Cependant, l'applicabilité sur le terrain doit être approfondie.

- **Couche drainante dans les décharges contrôlées**
  Des pneus déchiquetés sont utilisés avec des couches de sol pulvérulent comme substituts des agrégats naturels lors de l'établissement des réseaux de drainage. Des essais ont montré que les copeaux de pneus étaient chimiquement stables mais qu'il y avait un risque de perforation des géo membranes des décharges par les fils d'acier des pneus à ceinture filamentée.

- **Terrains de sport et des aires de jeux pour enfants**
  Les surfaces sportives nécessitant de la souplesse sont constituées de couches de granulats en caoutchouc liés par un polyuréthane et d'un revêtement de surface (résine polyuréthane pour les gymnases, gazon synthétique…).
  Sur les pistes d'athlétisme, le caoutchouc recyclé est mélangé au liant polyuréthane et coulé in situ pour former la couche de souplesse. Une couche d'usure en caoutchouc de synthèse coloré sera coulée au-dessus.

- **Autres utilisations**
  Une partie du gisement des pneus usés servira en agriculture (couverture des silos), dans la marine, sur les circuits automobiles, etc.

II.4. CONCLUSION

Les chaussées souples peuvent faire appel aux techniques de traitement avec un liant hydraulique ou hydrocarboné dont les avantages sont loin d'être négligeables, en face de charges de plus en plus lourdes. Les études de formulation permettent de limiter les inconvénients de l'inévitable fissuration de retrait.

Le pneu usagé est un déchet bien réparti sur tout le territoire et reste dans l'ensemble facile à trouver. Bien entendu, dans un avenir proche, ce déchet, sera vendu et aura donc un prix qui sera fonction de celui des produits ou procédés concurrents et aussi de la volonté politique des responsables.

La présentation et l'identification des différents matériaux utilisés pour, le traitement des couches d'assise et la couche de roulement, feront l'objet du chapitre III suivant.

CHAPITRE III
PRESENTATION ET IDENTIFICATION
DES MATERIAUX

III.1. INTRODUCTION

Les matériaux utilisés dans les travaux routiers doivent rependre à des impératifs de qualité et à des caractéristiques propres à chaque usage. Les granulats étant d'origines diverses : naturelle, alluvionnaire, calcaire, éruptive, voire artificielle ou provenant de sous-produits industriels, il est nécessaire d'en établir les caractéristiques par différents essais de laboratoire.

Une grave non traitée est un mélange à granularité continue, de cailloux, de graviers et de sable, avec généralement une certaine proportion de particules fines.

Dans la pratique courante, le granulat naturel provient du concassage et du criblage d'alluvions ou de roches massives.

Dans ce chapitre, sont identifiés et présentés les différents matériaux utilisés dans les couches d'assise (grave avec ajout de ciment et d'argile), dans la couche de base (grave bitume avec ajout de granulats de caoutchouc) et dans la couche de roulement (béton bitumineux avec ajout de granulats de caoutchouc, obtenus après broyage des pneus usés).

III.2. IDENTIFICATION DES MAETRIAUX UTILISES DANS LES COUCHES D'ASSISE

En outre des normes européennes de mécanique des sols , les essais d'identification ont été traités et détaillés par plusieurs hauteurs , parmi lesquels on citera : [LCPC 19 , 1987] , [Merrien , Amitrano et Piguet , 2005] , [Lérau , 2006] , [Mermoud , 2006] , [Degoute et Royet , 2005] , [Dupain , Lanchon et Arroman , 2000] , [Costet , Sanglerat ,1983] , sur lesquels on s'est basé pour l'identification des matériaux cités ci-dessus.

III.2.1. Les granulats

Les granulats utilisés pour la couche de base, ont été prélevés d'une carrière et pour la couche de fondation, les granulats sont de nature alluvionnaire (T.V.O).

III.2.1.1. Analyse granulométrique (NF P 94- 040)

L'analyse granulométrique permet de déterminer la grosseur et les pourcentages pondéraux respectifs des différentes familles de grains constituant les échantillons. Elle s'applique à tous les granulats de dimension nominale inférieure ou égale à 63 mm, à l'exclusion des fillers.

L'essai consiste à classer les différents grains constituants l'échantillon en utilisant une série de tamis, emboîtés les uns sur les autres, dont les dimensions des ouvertures sont décroissantes du haut vers le bas. Le matériau étudié est placé en partie supérieure des tamis et les classements des grains s'obtiennent par vibration de la colonne de tamis.

Figure 1.III.Tamiseuse électrique.

Les résultats de l'analyse granulométrique des couches d'assise seront traduits sous forme de courbes appelées courbes granulométriques (voir figures 2.III et 3.III).

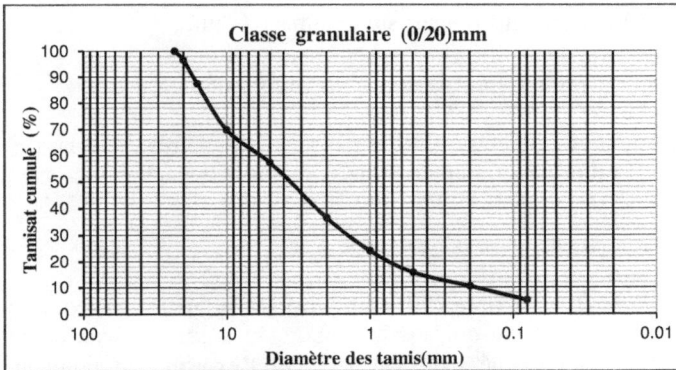

Figure 2.III.Classe granulaire (0/20) mm utilisée pour la couche de base.

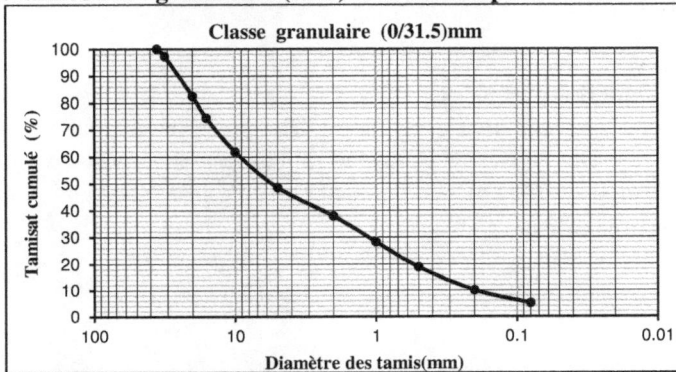

Figure 3.III.Classe granulaire (0/31.5) mm utilisée pour la couche de fondation.

Le coefficient d'uniformité, $C_u = \dfrac{D_{60}}{D_{10}}$: caractérise la pente de la courbe granulométrique.

Le coefficient de courbure, $C_c = \dfrac{(D_{30})^2}{D_{10} \times D_{60}}$: traduit la forme plus ou moins régulière de la courbe.

avec :

D$_{10}$: Diamètre correspondant à 10% des tamisât cumulés ;
D$_{30}$: Diamètre correspondant à 30% des tamisât cumulés ;
D$_{60}$: Diamètre correspondant à 60% des tamisât cumulés.

Classification des granulats utilisés

Couche de base : (0/20) mm, on a : $C_u = 30.5$ et $C_c = 1.72$
Couche de fondation : (0/31.5) mm, on a : $C_u = 45$ et $C_c = 0.85$

Pour les deux couches d'assise :

- Plus de 50% des grains retenus sur le tamis 0.08mm,
- Moins de 50% des grains retenus sur le tamis 5mm,
- Moins de 5% des grains qui passent au tamis 0.08mm.

Selon le système unifié de classification des sols granulaires : les classes granulaires (0/20) et (0/31.5) mm des granulats utilisés, pour les couches d'assise présente un sable bien gradué, de symbole (SW).

III.2.1.2. Caractéristiques physiques

❖ **Teneur en eau (w)**

La norme NF P 94-050 (octobre 1991) a pour objet la détermination, à l'étuve, de la teneur en eau d'un matériau qui, est le rapport du poids de l'eau contenu dans ce matériau au poids du même matériau sec. On l'exprime en pourcentage par la formule :

$$W(\%) = \frac{P_w}{P_s} \times 100 \tag{1.III}$$

❖ **La masse volumique sèche (ρ_d)**

La masse volumique sèche d'un matériau est déterminée selon la norme NF P94-064 (novembre 1993). Elle représente le rapport de la masse des particules de sol sec au volume total de la même masse de sol, y compris le volume des vides.

On l'exprime par la formule :

$$\rho_d \, (g/cm^3) = \frac{Ms}{V} \tag{2.III}$$

❖ **Masse volumique des grains solides (ρ_s)**

La norme NF P 94-054 (octobre 1991) a pour objet la détermination, de la masse volumique des grains solides de sol, qui est le rapport de la masse des particules de sol sec au volume de la même masse de sol sec.

$$\rho_s\,(g/cm^3) = \frac{M_s}{Vs} \tag{3.III}$$

❖ **Indice des vides (e)**

L'indice des vides permet de savoir si les vides sont importants ou non, c'est-à-dire, si notre matériau est dans un état serré ou lâche. Il est défini comme étant le rapport du volume des vides au volume des grains solides.

$$e = \frac{V_v}{V_s} \tag{4.III}$$

Sachant que l'indice des vides dépend aussi de la masse volumique des grains solides et de la masse volumique sèche selon la formule :

$$e = \frac{\rho_s}{\rho_d} - 1 \tag{5.III}$$

❖ **Porosité (η)**

La porosité a une signification analogue à celle de l'indice des vides. C'est le rapport du volume des vides (c'est-à-dire du volume occupé par l'air, l'eau ou les deux fluides simultanément) au volume total du sol.

$$\eta = \frac{V_v}{V} \tag{6.III}$$

La porosité et l'indice des vides sont liés par la formule suivante :

$$\eta = \frac{e}{(e+1)} \tag{7.III}$$

❖ **Degré de saturation (S_r)**

Le degré de saturation indique la quantité d'eau que contient le sol. C'est le rapport du volume occupé par l'eau au volume total des vides.

$$S_r = \frac{V_w}{V_v} \times 100 \tag{8.III}$$

Le degré de saturation peut être exprimé aussi par la formule suivante :

$$S_r = \left(\frac{\rho_s}{\rho_w}\right) \times \left(\frac{w}{e}\right) \tag{9.III}$$

Les résultats obtenus après essais d'identification des granulats utilisés pour les couches d'assise sont représentés dans le tableau 1.III.

Caractéristiques déterminées	Couche de base	Couche de fondation
Teneur en eau naturelle : w(%)	4.65	5.38
Masse volumique sèche : ρ_d (g/cm³)	1.82	1.79
Masse volumique des grains solides : ρ_s (g/cm³)	2.62	2.60
Masse volumique humide : ρ_h (g/cm³)	1.87	1.83
Indice des vides : e(%)	43.95	45.25
Porosité : η(%)	30.55	31.03
Degré de saturation : (S_r)	2.77	3.09
Limites d'Atterberg : w_l, w_p et I_p (%)	Non mesurables	Non mesurables

Tableau 1.III. Caractéristiques physiques des granulats utilisés pour les couches d'assise.

III.2.1.3. Essais de dureté
♦ Essais Los Angeles
L'essai Los Angeles selon la norme NF P 18-573 (octobre 1978) permet de mesurer la résistance aux chocs d'un échantillon de sol ou de granulats utilisés dans le domaine du bâtiment et des travaux publics.

L'essai consiste à mesurer la quantité d'éléments inferieurs à 1.6mm produite en soumettant (5Kg ± 2g) d'une fraction du matériau à tester aux chocs de boulets métalliques normalisés dans le cylindre de machine Los Angeles en rotation.

Le coefficient Los Angeles est donné par la formule suivante :

$$L.A(\%) = \frac{5000 - m}{5000} \times 100 \tag{10.III}$$

avec m, est le refus au tamis 1.6mm.

Figure 4.III. Appareil pour essai Los Angeles.

◆ **Essai Micro Deval humide**

L'essai Micro Deval selon la norme NF P 18-572 (octobre 1978) permet de mesurer dans des conditions bien définies, la résistance à l'usure des granulats, produite par frottements mutuels en présence d'eau, entre les granulats et une charge abrasive sous forme de billes d'acier, dans un cylindre en rotation.

Le coefficient Micro Deval est donné par la formule :

$$MDE(\%) = \frac{500 - m}{500} \times 100 \qquad\qquad (11.III)$$

avec m, est le refus au tamis de 1.6 mm.

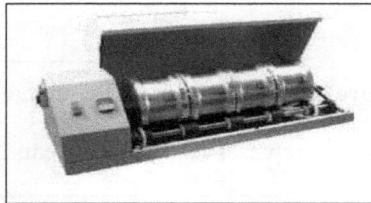

Figure 5.III. Appareil pour essai Micro Deval.

Les résultats des essais Los Angeles et Micro Deval pour les couches d'assise sont récapitulés dans le tableau 2.III.

	Couche de base	Couche de fondation
Coefficient Los Angeles LA	21.81	37.59
Coefficient Micro Deval MDE	24.13	34.78

Tableau 2.III. Résultats des essais Los Angeles et Micro Deval.

III.2.1.4. Essai d'équivalent de sable

La norme NF P-598 a pour but de mesurer la propreté des sables entrant dans la composition des bétons. L'essai permet de mettre en évidence la proportion relative de poussière fine nuisible ou d'éléments argileux dans les sols ou agrégats fins. Il se fait sur des matériaux inférieurs à 5mm. Une procédure normalisée permet de déterminer un coefficient d'équivalent de sable qui quantifie la propreté de celui-ci, donné par la formule suivante :

$$ES\,(\%) = \frac{h_2}{h_1} \times 100 \qquad\qquad (12.III)$$

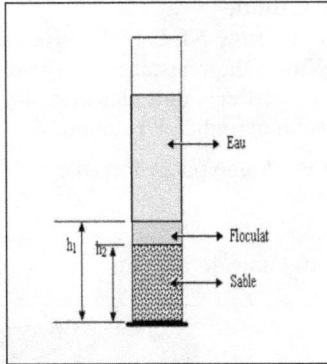

Figure 6.III. Définition de l'équivalent de sable.

Les résultats de l'essai sont représentés dans le tableau 3.III.

	Echantillon N° 01	Echantillon N° 02	Echantillon N° 03	Moyenne
Couche de base	66.65	65.67	67.32	66.54
Couche de fondation	51.56	52.98	53.87	52.80

Tableau 3.III. Valeurs d'équivalent de sable.

Les valeurs trouvées sont acceptables, vis-à-vis des spécifications qui préconisent un ES $\geq$ 30%.

III.2.2. Les ajouts incorporés
Les matériaux de stabilisation utilisés (ciment, bitume et argile), sont identifiés dans ce qui suit :

III.2.2.1. Le ciment
Nous avons utilisé un ciment portland composé de référence :

CPJ–CEM II/A 42.5 NA 442. C'est un ciment, généralement utilisé dans la construction routière.

III.2.2.2. Le bitume
Le bitume utilisé est de classe : 40/50, les différents essais qui justifient cette classe, sont représentés dans les essais spécifiques pour la couche de roulement.

III.2.2.3. L'argile
L'argile utilisée est le passant au tamis 0.08 mm. Les limites d'Atterberg déterminées, sont présentées dans le tableau 4.III.

- Les limites D'Atterberg

La norme NF P94 – 051(mars 1993) destinée à la détermination des deux limites d'Atterberg (limite de liquidité à la coupelle et limite de plasticité au rouleau), s'applique aux sols dont les éléments ont une dimension inférieure à 0.4 mm.

Les limites d'Atterberg sont des paramètres géotechniques, destinés à identifier un sol et à caractériser son état, au moyen de son indice de consistance. Ce sont des teneurs en eau pondérales, correspondant à des états particuliers d'un sol.

- **La limite de liquidité (w_l) :** teneur en eau d'un sol caractérisant la transition entre un état liquide et un état plastique.
  C'est la teneur en eau qui correspond conventionnellement à une fermeture sur 1cm des lèvres de la rainure pratiquée dans l'échantillon placé dans une coupelle après 25coups.
- **La limite de plasticité (w_p) :** teneur en eau d'un sol caractérisant la transition entre un état plastique et un état solide.
  C'est la teneur en eau conventionnelle d'un rouleau de sol qui se fissure au moment où son diamètre atteint 3.0 ± 0.5mm.
- **L'indice de plasticité (I_p) :** étendue du domaine plastique du sol entre les limites de liquidité et de plasticité.

Figure 7.III. Appareil de Casagrande manuel.

Les résultats des limites d'Atterberg sont représentés dans le tableau 4.III.

Limites d'Atterberg (%)	Limite de liquidité W_l (%)	Limite de plasticité W_p (%)	Indice de plasticité $I_p = (w_l - w_p)$ (%)
	43.21	20.17	23.04

Tableau 4.III. Limites d'Atterberg pour le matériau argile.

D'après le diagramme de classification de Casagrande, l'argile utilisée est de moyenne plasticité (Voir annexe II).

III.3. IDENTIFICATION DES MATERIAUX UTILISES DANS LA COUCHE DE ROULEMENT ET LA COUCHE DE BASE

L'enrobé bitumineux est un mélange dans une proportion choisie de granulats et de liant hydrocarboné. Dans ce mélange, le liant hydrocarboné est principalement responsable de la cohésion, tandis que le squelette minéral constitué par les granulats, assure la rigidité de l'ensemble.

Les granulats utilisés dans notre étude, pour la couche de roulement et la couche de base, ont été prélevés de la carrière ENG HACHIMIA de Bouira.

III.3.1. Essais d'identification des granulats

❖ **Analyse granulométrique** (NF P 94- 040)

L'analyse granulométrique par tamisage des différentes fractions uilisées a donné les résultats ci-après :

Tamis (mm)	Fractions			
	15/25	8/15	3/8	0/3
20	90.42			
16	49.50	98.37		
12.5	3.14	68.87		
10	0.76	36.83		
8	0.60	11.07	96.81	
6.3	0.60	2.23	76.88	
5	0.60	2.00	53.44	
4	0.60	0.90	16.56	98.00
2	0.60	0.90	4.63	72.20
1	0.60	0.90	4.50	48.60
0.5	0.60	0.90	4.44	32.30
0.4	0.60	0.87	4.38	30.20
0.31	0.60	0.83	4.38	26.00
0.2	0.60	0.83	4.31	22.30
0.1	0.60	0.83	4.25	19.13
0.08	0.60	0.80	4.19	18.60

Tableau 5.III. Résultats de l'analyse granulométrique des différentes fractions.

L'analyse granulométrique des quatre fractions nous a permis de choisir un mélange granulaire, qui s'insère dans le fuseau de référence SETRA LCPC type béton bitumineux (0 /14)mm semi grenu , destiné pour une couche de roulement et grave bitume (0/20)mm, utilisée dans la couche de base (voir annexe).

Les résultats de l'analyse granulométrique seront traduits sous forme de courbe appelée courbe granulométrique (voir figure 8.III et 9.III).

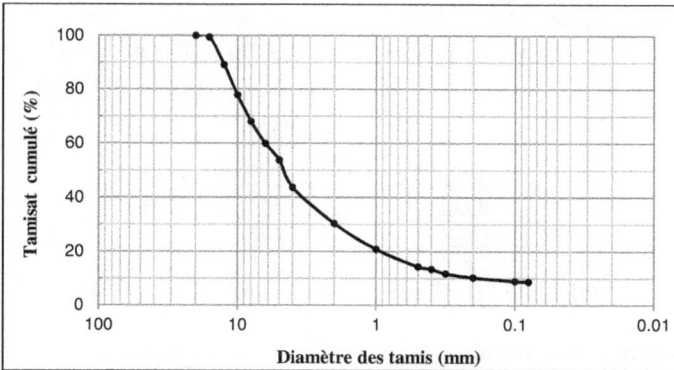

Figure 8.III. Analyse granulométrique du mélange granulaire,utilisé pour la couche de roulement.

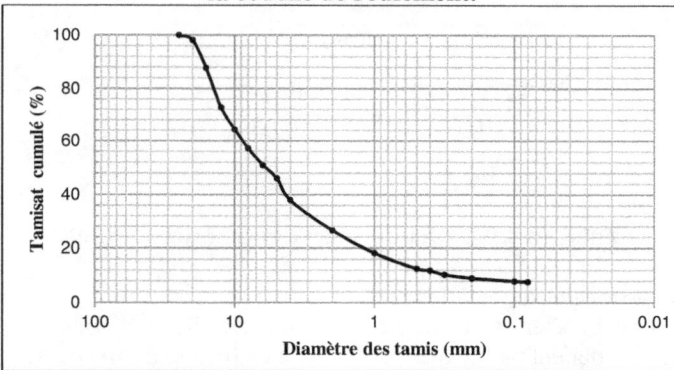

Figure 9.III. Analyse granulométrique du mélange granulaire,utilisé pour la couche de base.

❖ **La masse volumique absolue des granulats** (NF P 18-555)

Les résultats sont représentés dans le tableau (6.III) pour les différentes fractions utilisées.

Fractions	15/25	8 / 15	3 / 8	0 / 3
La masse volumique absolue des granulats (g/cm³)	2.63	2.64	2.62	2.60

Tableau 6.III. Valeurs de la masse volumique absolue pour les différentes fractions utilisées.

❖ **Essais Los Angeles** (NF P 18-573)
Les résultats de l'essai sont représentés dans le tableau (7.III) pour chaque fraction.

Fractions	Résultats L.A (en %)
15/25	19.00
8/15	21.00
3/8	24.00

Tableau 7.III. Résultats de l'essai Los Angeles.

❖ **Essai Micro Deval humide** (NF P 18-572)
Les résultats sont représentés dans le tableau (8.III) pour les différentes fractions utilisées.

Fractions	Résultats M.D.E (en %)
15/25	22.00
8/15	23.00
3/8	30.80

Tableau 8.III. Résultats de l'essai Micro Deval.

❖ **Essai de propreté superficielle** (NF P 18-591)
L'essai consiste à déterminer la propreté superficielle des granulats supérieurs à 2 mm, que l'on obtient par lavage sur un tamis de 0.5mm d'ouverture.

Elle est définie comme le pourcentage en masse des particules inférieures à 0.5 mm mélangées ou adhérentes à la surface des granulats supérieurs à 2 mm.

Cette propreté peut varier de 0.5% à 5%.

Les résultats de l'essai sont représentés dans le tableau (9.III), pour les différentes fractions utilisées.

Fractions	Résultats $P.S_{up}$ (en %)
15/25	1.84
8/15	0.90
3/8	1.28

Tableau 9.III. Résultats de l'essai de propreté superficielle.

❖ **Coefficient d'Aplatissement** (NF P 18-561)

La détermination du coefficient d'aplatissement est l'un des tests permettant de caractériser la forme plus ou moins massive des granulats. La proportion de matériaux de mauvaise forme donne le coefficient d'aplatissement qui peut varier de moins de 10% pour les gravillons de forme excellente à plus de 30% pour les gravillons de mauvaise forme.

Le coefficient d'aplatissement s'obtient en faisant une double analyse granulométrique, en utilisant successivement, et pour le même échantillon de granulats :

     -Une série de tamis normalisée à mailles carrées.
     -Une série de tamis à fentes de largeurs normalisées.

Figure 10.III. Grilles à fente.

L'essai consiste en une double opération de tamisage :

- ◆ Le tamisage classique sur une colonne de tamis normalisés à mailles carrées afin de séparer les granulats en une succession de classes granulaires d/D dont les dimensions sont telles que : D = 1,25d.
- ◆ Les différentes classes granulaires d/D ainsi isolées, sont tamisées une à une sur une grille à fentes parallèles d'écartement E = d/1,58 (ce qui correspond aussi à : E = d/2).

On peut donc associer à chaque classe granulaire d/D un tamis à fente correspondant, de largeur E, ce qui permet de définir des coefficients d'aplatissement Ai partiels. Il est ensuite possible de déterminer un coefficient d'aplatissement global A.

La correspondance entre classes granulaires d/D et grilles à fentes de largeur E est donnée dans le tableau 10.III.

Classe granulaire d/D (mm)	31.5/40	25/31.5	20/25	16/20	12.5/16	10/12	8/10	6.3/8	5/6.3	4/5
Ecartement E des grilles à fentes (mm)	20	16	12.5	10	8	6.3	5	4	3.15	2.5

Tableau 10.III. Correspondance entre classes granulaires d/D et largeur E des grilles à   fentes utilisées.

Pour une classe granulaire d/D donnée, on peut définir un coefficient d'aplatissement partiel.

$$A_I = \frac{M_{ei}}{M_{gi}} \, 100 \qquad\qquad (13.III)$$

avec :

M_{gi} : masse de la classe granulaire d/D

M_{ei} : masse passant à travers le tamis à fentes d'écartement E correspondant.

Le coefficient d'aplatissement global A s'exprime en intégrant les valeurs partielles déterminées sur chaque classe granulaire :

$$A = \frac{\sum M_{ei}}{\sum M_{gi}} \qquad\qquad (14.III)$$

Les résultats obtenus de l'essai, sont représentés dans le tableau (11.III) pour les différentes fractions utilisées.

Fractions	Résultats C.A (en %)
15/25	15.28
8/15	20.25
3/8	33.50

Tableau 11.III. Résultats du coefficient d'aplatissement.

❖ **Essai Equivalent de sable** (NF P 18-598)
   L'équivalent de sable obtenu est de : 47.55 %.
➤ Cette valeur est acceptable vis-à-vis des spécifications qui préconisent un équivalent de sable supérieur à 35 %.

❖ **Indice de Plasticité**
   L'indice de plasticité obtenu est de l'ordre de : 5.05.
➤ Cette valeur est acceptable comparée aux spécifications qui exigent un indice de plasticité non mesurable inférieur à 6.

III.3.2. Essais d'identification du liant (bitume)
❖ **Pénétrabilité à l'aiguille** (NF EN 1426, Décembre 1999)
L'essai consiste à mesurer l'enfoncement en dixièmes de millimètres d'une aiguille normalisée chargée à 100g dans un godet de bitume placé dans un bain thermostaté pendant une durée de 5 secondes [20], [28], [40].

La pénétrabilité la plus couramment utilisé est celle mesurée à 25°C , ce qui en fait un indicateur pour les températures courantes de chaussée . Cette mesure peut être réalisée à plusieurs autres températures et ainsi fournir une indication sur la susceptibilité du liant. La valeur de pénétrabilité est d'autant plus importante que le bitume est mou.

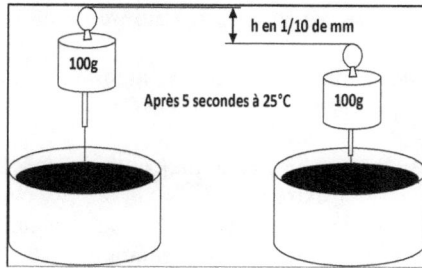

Figure 11.III. Principe de l'essai de pénétrabilité.

Figure 12.III. Pénétromètre à aiguille.

Le mode opératoire est le suivant :
La détermination de la pénétrabilité à l'aiguille, se résume comme suit :
1. Etuvage (T ≤ 100°C) ;
2. Temps écoulé pour liquéfier le bitume ;
3. Homogénéiser l'échantillon ;
4. Remplissage de gobelet (D = 35mm) ;
5. Refroidissement à l'air libre à la température ambiante (60 secondes à 90 secondes) ;
6. Mettre en route le bain marie 25°C ± 0.1°C ;
7. Placer le récipient et le gobelet dans le bain pendant 90 mn à la température ;
8. Préparation du pénétromètre avec les trois aiguilles ;
9. Vérifier les trois aiguilles (observation à l'aide d'une loupe : présence de bavures) ;
10. S'assurer du bon fonctionnement de la tige ;
11. Vérifier la planéité (niveau) du pénétromètre ;
12. Mettre le cadran à zéro ;
13. Mettre en marche le chronomètre ;
14. S'assurer de la température de l'échantillon (25°C ± 0.1°C) ;
15. Positionner l'aiguille et mettre à fleur dans la partie centrale ;

16. Libérer l'aiguille et maintenir pendant 5 secondes avec un chrono au 1/10 de secondes ;
17. Mesurer la longueur de pénétration à l'aide du cadran au 1/10 mm en trois fois ;
18. Reprendre l'essai deux fois en changeant l'aiguille à chaque fois ;
19. Reconditionner l'échantillon à 25°C. Si l'essai dure plus de 2 mn ;

20. Expression des résultats
{
 -Pénétrabilité :   0 - 49   50 - 14
 -Différence max entre les valeurs   2 /…   4 /…
 extrêmes.
}

21. Si la différence entre les résultats excède les valeurs indiquées, reprendre l'essai à partir de l'étape n° 8, pour confirmation.

❖ **Température de ramollissement** (NF EN 1427 / 01 – 2000)

L'essai consiste à couler un disque de bitume dans un anneau de 15.9mm de diamètre intérieur et 6.3mm d'épaisseur et à placer sur le disque de bitume une bille d'acier de 3.5g. L'ensemble mis dans un bain marie et progressivement chauffé jusqu'à ce que le disque de bitume flue sous le poids de la bille et vienne toucher le fond du récipient. La température lue au moment où le bitume entre en contact avec le fond du bécher est appelée température bille et anneau (température de ramollissement) [20], [28] [40].

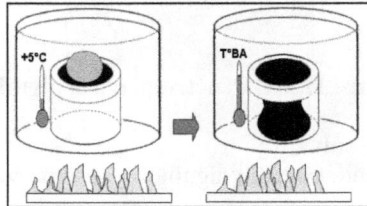

Figure 13.III. Principe de l'essai de la température bille et anneau.

Figure 14.III. Appareillage billes et anneau manuel.

Le mode opératoire est le suivant :

La détermination de la température de ramollissement, se résume comme suit :

1. Chauffer l'échantillon de bitume et les deux anneaux ;
2. Homogénéiser l'échantillon. Placer les deux anneaux sur la plaque de coulage enduite de glycérine et remplir ensuite les deux anneaux légèrement en excès. Laisser refroidir à l'air ambiant. Noter l'heure de coulage (temps de refroidissement de 30mn minimum pour produits mous ; laisser refroidir à une température de 10°C sous la température de ramollissement prévisible) ;
3. Enlever l'excédent de bitume avec une lame chauffée jusqu'à ce que le niveau le l'échantillon affleure le bord supérieur de son anneau ;
4. Assembler l'appareillage avec les deux anneaux ainsi séparés munis de leurs dispositifs de centrage ; avec le thermomètre (échelle du thermomètre = 100°C avec échelle de graduation de 0.2°C) ;
5. Placer l'ensemble dans le bain puis le remplir avec de l'eau distillée ou déminéralisée jusqu'à ce que la surface de l'eau soit de (50 ± 3) mm au-dessus du rebord supérieur des anneaux. Placer aussi les billes dans le bain d'eau ;
6. Refroidir le bain contenant l'assemblage et les billes dans l'eau glacée à une température de (5 ± 1) °C. Maintenir cette température pendant 15 minutes. Noter l'heure ;
7. À l'aide de pincettes, placer les billes dans chacun des dispositifs de centrage. Noter l'heure ;
8. Agiter et chauffer l'eau du bain avec un accroissement régulier de température de 5°C par minute ;
9. Lire la température de ramollissement sur le thermomètre pour chaque ensemble bille anneau. Noter aussi l'heure correspondante ;
10. Calculer la température moyenne de ramollissement. Noter la durée de l'essai (la durée de l'essai ne dépassera pas 4 heures) ;
11. Si l'écart de température entre les deux billes est supérieur à 1°C ; reprendre l'essai à partir de l'étape n° 2. Noter la température avec l'heure correspondante ;
12. Calculer de nouveau la température moyenne de ramollissement. Noter aussi la durée de l'essai.

❖ **Densité relative à 25°C** (NFT 66- 007, Version Avril 1957)

La détermination de la densité relative à 25°, se résume comme suit [20], [28]:

1. Etuvage ;
2. Temps écoulé pour liquéfier le bitume ;
3. Homogénéisé l'échantillon ;
4. Mettre en route le bain marie à 25°C ;
5. Peser le pycnomètre vide ;   soit : (P_0)
6. Peser le pycnomètre vide + eau jusqu'au trait de jauge ;   soit : (P_1)
7. Peser le pycnomètre + échantillon (P_2) eau dans le bain pendant 30 secondes à la température de 25°C ;

8. Peser ensuite le pycnomètre + échantillon + eau à la Température de 25°c soit : (P_3)
9. Poids de l'échantillon ; ($A = P_2 - P_0$)
10. Poids du liquide (volume total) ; ($B = P_1 - P_0$)
11. Poids du liquide complémentaire ; ($C = P_3 - P_2$)
12. Poids du liquide / volume de l'échantillon ; ($D = B - C$)
13. Volume de l'échantillon ; ($F = D / E$)
14. Poids spécifique.

❖ **Point de flamme** (NF EN ISO 2592 / 10 – 2001)

L'essai consiste à noter lors d'un échauffement progressif, la température à laquelle les vapeurs émises par le liant s'enflamment au contact d'une flamme [28].

Le mode opératoire est le suivant :

La détermination du point de flamme, se résume comme suit :

1. Chauffer le récipient contenant l'échantillon de bitume ainsi que le vase d'essai à une température de 150°C (s'assurer de la propreté du vase d'essai avant chauffage) ;
2. Homogénéiser l'échantillon après liquéfaction du bitume et remplir le vase d'essai jusqu'au trait de remplissage ;
3. Disposer le thermomètre à l'endroit de l'appareillage ;
4. Mettre le vase d'essai dans l'appareil ; allumer la flamme d'essai et la régler (diamètre de la flamme entre 3.2 et 4.8mm) ;
5. Faire passer la flamme par le centre du vase tous les 2°C dans les deux sens dans un plan horizontal ne se trouvant pas à plus de 2 mm au-dessus du plan passant par le bord supérieur du vase. Le temps du passage est d'environ une seconde.
6. Noter la température de présentation de la flamme.

Figure 15.III. Appareillage pour essai point de flamme.

Les résultats obtenus après essais d'identification du liant (bitume), sont représentés dans le tableau 12.III :

Essais	Résultats obtenus	Spécifications
Pénétrabilité au 1/10mm, 100g, 5s	45	40 à 50
Température de ramollissement (T.B.A)	49.00	47 à 60
Densité relative à 25°C	1.02	1.00 à 1.10
Point de flamme en °C	319	> 250

Tableau 12.III. Résultats d'essais d'identification du liant.

Les résultats confirment un bitume routier de la classe 40/50 (voir annexe II).

III.3.3. Formulation du béton bitumineux (0/14) mm et la grave bitume (0/20) mm

Après avoir obtenu les mélanges granulaires qui s'insèrent dans les fuseaux de référence SETRA LCPC type béton bitumineux (0/14)mm semi grenu, destiné pour une couche de roulement et grave bitume (0/20)mm, destinée pour une couche de base et cela à partir de l'analyse granulométrique des quatre fractions, à savoir 15/25 , 8/15 , 3/8 et le sable 0/3 , on procède au calcul des teneurs en liant (bitume 40/50) à tester au laboratoire [15] :

La teneur en liant est déterminée selon la norme française (NF P 98-130), en pourcentage du poids des agrégats , par la formule suivante:

$$\% \text{ Liant } = \alpha \times K \sqrt[5]{(0.25\,G + 2.3\,S + 12\,s + 135\,f)\,/100} \qquad (15.\text{III})$$

avec :

    α : coefficient correcteur , destiné à tenir compte de la masse volumique des granulats.

        Si cette masse volumique est égale à 2.65 g /cm^3, $\alpha = 1$.

        Dans le cas contraire, $\alpha = 2.65$ / masse volumique du granulat.

    K : module de richesse, varie de :

        2.15 à 2.60 pour une couche de base (0/20)mm.

        3.45 à 3.90 pour une couche de roulement (0/14)mm.

G ; pourcentage de refus supérieur ou égal à 6.3mm.

S ; pourcentage de refus compris entre 0.315mm et 6.3mm.

s ; pourcentage de refus compris entre 0.08mm et 0.315mm.

f ; pourcentage de passant à 0.08mm.

Après toutes les conversions de calcul, les résultats obtenus pour la couche de base et la couche de roulement, sont récapitulés dans les tableaux 13.III et 14.III.

Fractions	Pourcentage pondéral (%)	
	Couche de base (0/20)mm	Couche de roulement (0/14)mm
15/25	20	
8/15	25	35
3/8	20	25
0/3	35	40

Tableau 13.III. Pourcentage pondéral des mélanges granulaires choisis.

	Formulations							
	Couche de roulement (0/14) mm				Couche de base (0/20) mm			
	A	B	C	D	E	F	G	H
Module de richesse (K)	3.45	3.60	3.75	3.90	2.15	2.30	2.45	2.60
Teneur en liant (%)	5.80	6.14	6.39	6.65	3.56	3.80	4.05	4.30

Tableau 14.III. Teneur en liant pour chaque formulation utilisée.

III.4. GRANULATS OBTENUS DE PNEUS USES

Les granulats de pneus utilisés , sont obtenus par broyage des morceaux de pneus usés composés de caoutchouc et de fibres textiles).

La courbe granulometrique choisie, des granulats de caoutchouc pour le traitement de la couche de base et la couche de roulement, est la suivante :

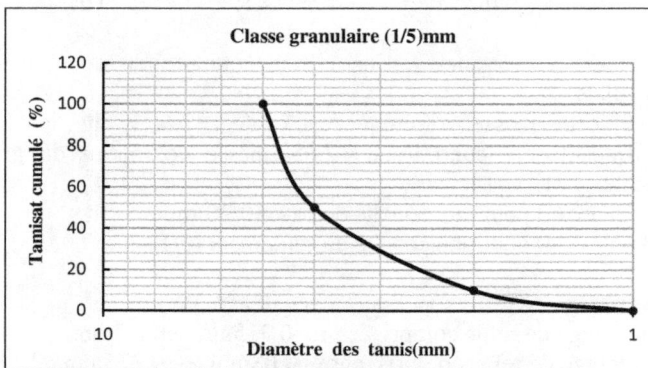

Figure 16.III. Courbe granulométrique des granulats de caoutchouc.

III.5. ESSAIS MECANIQUES

Les différentes sollicitations auxquelles on a soumis les matériaux étudiés, sont concrétisés par cinq séries d'essais (voir les essais Proctor, les essais C.B.R, les essais Marshall, les essais Duriez normal et les essais Duriez dilaté).

III.5.1. Les essais Proctor (modifié)

Les essais Proctor modifié réalisés selon la norme française (NF P94-093), constituent la première série d'essais, on a soumis au compactage les différents matériaux utilisés dans les couches d'assise.

III.5.1.1. Couche de base (0/20)mm

Le matériau utilisé pour la couche de base, est une grave non traitée (mélange de sable et de gravier). Les échantillons soumis au compactage, sont les suivants :

- ◆ Grave non traitée sans ajout ;
- ◆ Grave non traitée + ciment (2%, 3%, 4%, 5% et 6%) ;
- ◆ Grave non traitée + argile (2%, 3%, 4%, 5% et 6%).

III.5.1.2. Couche de fondation (0/31.5)mm

Le matériau utilisé pour la couche de fondation, est un tout venant d'Oued (grave naturelle). Les échantillons soumis au compactage, sont les suivants :

- • Grave naturelle sans ajout ;
- • Grave naturelle + ciment (2%, 3%, 4%, 5% et 6%) ;
- • Grave naturelle + argile (2%, 3%, 4%, 5% et 6%).

III.5.2. Les essais C.B.R

Les essais C.B.R sont réalisés selon la norme française (NF P94-078), sur des échantillons similaires à ceux ayant donné les densités sèches les plus élevées, lors des essais Proctor, avec les deux ajouts différents. Nous avons déterminé l'indice portant immédiat (I.P.I) et l'indice C.B.R immersion (après immersion des échantillons dans l'eau pendant quatre jours).

III.5.2.1. Couche de base (0/20)mm

Les échantillons soumis aux essais C.B.R, sont les suivants :

- o Grave non traitée sans ajout ;
- o Grave non traitée + ciment (2%, 3%, 4%, 5% et 6%) ;
- o Grave non traitée + argile (2%, 3%, 4%, 5% et 6%).

III.5.2.2. Couche de fondation (0/31.5)mm

Les échantillons soumis aux essais CBR, sont les suivants :

- ▪ Grave naturelle sans ajout ;
- ▪ Grave naturelle + ciment (2%, 3%, 4%, 5% et 6%) ;
- ▪ Grave naturelle + argile (2%, 3%, 4%, 5% et 6%).

III.5.3. Les essais Marshall

Les essais Marshall sont réalisés selon la norme française (NF P 98-251-2). On a soumis aux essais Marshall les échantillons suivants :

➢ Granulats de la grave concassée (0/14)mm + bitume (5.80%, 6.14%, 6.39% et 6.65%) ;

➢ Granulats de la grave concassée (0/14)mm + 5.80% de bitume + granulats de caoutchouc (1%, 2%, 3%, 4%, 5%, 6%, 7% et 10%) ;

➢ Granulats de la grave concassée (0/14)mm + 6.14% de bitume + granulats de caoutchouc (1%, 2%, 3%, 4%, 5%, 6%, 7% et 10%) ;

➢ Granulats de la grave concassée (0/14)mm + 6.39% de bitume + granulats de caoutchouc (1%, 2%, 3%, 4%, 5%, 6%, 7% et 10%) ;

➢ Granulats de la grave concassée (0/14)mm + 6.65% de bitume + granulats de caoutchouc (1%, 2%, 3%, 4%, 5%, 6%, 7% et 10%).

III.5.4. Les essais Duriez normal

Les essais Duriez normal sont réalisés selon la norme française (NF P 98-251-1). On a soumis aux essais Duriez normal les échantillons suivants :

❖ Granulats de la grave concassée (0/14)mm + bitume (5.80%, 6.14%, 6.39% et 6.65%) ;

❖ Granulats de la grave concassée (0/14)mm + 5.80% de bitume + granulats de caoutchouc (1%, 2%, 3%, 4%, 5%, 6%, 7% et 10%) ;

❖ Granulats de la grave concassée (0/14)mm + 6.14% de bitume + granulats de caoutchouc (1%, 2%, 3%, 4%, 5%, 6%, 7% et 10%) ;

❖ Granulats de la grave concassée (0/14)mm + 6.39% de bitume + granulats de caoutchouc (1%, 2%, 3%, 4%, 5%, 6%, 7% et 10%) ;

❖ Granulats de la grave concassée (0/14)mm + 6.65% de bitume + granulats de caoutchouc (1%, 2%, 3%, 4%, 5%, 6%, 7% et 10%).

III.5.5. Les essais Duriez dilaté

Les essais Duriez dilaté sont réalisés selon la norme française (NF P 98-251-1). On a soumis aux essais Duriez dilaté les échantillons suivants :

✓ Granulats de la grave concassée (0/20)mm + bitume (3.56%, 3.80%, 4.05% et 4.30%) ;

✓ Granulats de la grave concassée (0/20)mm + 3.56% de bitume + granulats de caoutchouc (1%, 2%, 3%, 4%, 5%, 6%, 7% et 10%) ;

✓ Granulats de la grave concassée (0/20)mm + 3.80% de bitume + granulats de caoutchouc (1%, 2%, 3%, 4%, 5%, 6%, 7% et 10%) ;

✓ Granulats de la grave concassée (0/20)mm + 4.05% de bitume + granulats de caoutchouc (1%, 2%, 3%, 4%, 5%, 6%, 7% et 10%) ;

✓ Granulats de la grave concassée (0/20)mm + 4.30% de bitume + granulats de caoutchouc (1%, 2%, 3%, 4%, 5%, 6%, 7% et 10%).

III.6. CONCLUSION

Les fondations et couches de base, peuvent être construites de plusieurs façons avec des matériaux variables (ciment, bitume, argile, sable, goudron, laitier, gravier, etc.). Il y a toujours des variantes possibles selon le calibre et la granulométrie des matériaux, la viscosité du bitume, les propriétés relatives, et la façon de mélanger agrégat et liant.

Pour les couches de roulement, le rôle principal lors de la confection de couches bitumineuses est d'obtenir une cohésion efficace et d'assurer une rigidité élevée de la chaussée. Ce collage des granulats sous-entend :

✓ un bon mouillage des granulats par le liant fluide (chauffage) ;
✓ une bonne adhérence du liant durci aux granulats ;
✓ le maintien de cette adhérence même en présence d'agents qui tendent à se substituer au liant à la surface des grains. L'agent de déplacement le plus dangereux, parce que toujours présent, est l'eau.

La présentation des différents essais mécaniques auxquels on a soumis les matériaux étudiés, ainsi que les résultats obtenus, sont récapitulés dans le chapitre (IV) suivant.

CHAPITRE IV
LES ESSAIS MECANIQUES REALISES

IV.1. INTRODUCTION

Les différents matériaux utilisés en construction routière, doivent être soumis à des essais mécaniques, pour étudier leur comportement sous différentes sollicitations.

Dans ce chapitre, sont présentées les différentes sollicitations auxquelles on a soumis les matériaux étudiés. On distingue cinq séries d'essais : les essais Proctor et les essais C.B.R (pour les couches d'assise, avec ajout de ciment et d'argile), réalisés au laboratoire de mécanique des sols de l'institut de génie civil de l'université Mouloud Mammeri de Tizi-Ouzou et au laboratoire central des travaux publics de Tizi-Ouzou. Les essais Marshall et les essais Duriez normal (Pour la couche de roulement, avec ajout de granulats de caoutchouc, obtenus par broyage des pneus usés) et les essais Duriez dilaté (pour la couche de base, avec ajout de bitume et de granulats de caoutchouc), réalisés au laboratoire central des travaux publics d'Alger (L.C.T.P).

IV.2. ESSAIS PROCTOR (MODIFIE) NF P 94-093

C'est l'étude de la variation de la masse volumique (avec recherche de la densité maximale) d'un sol, soumis à un compactage d'intensité donnée en fonction de l'évolution de sa teneur en eau. Autrement dit, il permet de déterminer les caractéristiques de compactage d'un sol, la densité sèche maximale et la teneur en eau optimale correspondante.

L'importance de cet essai, l'impose d'être objet de plusieurs recherches. Il fut traité et exposé de différentes manières et par plusieurs auteurs tels que : [Dupain, Lanchant et Saint-Arroman, 2000], [Hotlz et Kovascs, 1991], [Leonards, 1968], [Robitaille et Tremblay, 1997], [Arquie, 1972], [Arquie et Morel, 1988], [Correa et Quibel, 2000], etc.

Il existe deux types d'essais Proctor (Proctor normal et Proctor modifié), les principales caractéristiques des deux essais sont récapitulées dans le tableau 1.IV.

Essais	Masse du marteau (Kg)	Hauteur de chute du marteau (mm)	Nombre de couches	Volume du moule (cm³)	Nombre de coups par couche	Energie de compactag e (E.C)
Proctor normal	2.49	305	3	944	25	592
				2124	56	589
Proctor modifié	4.54	457	5	944	25	2695
				2124	56	2683

Tableau 1.IV. Caractéristiques des essais Proctor.

L'énergie de compactage est donnée par la formule suivante :

$$E.C = \frac{M \times g \times H \times N \times n}{V} [Kj/m^3] \qquad (1.IV)$$

avec :

M : masse du marteau [Kg] ;
V : volume du moule [m³] ;
H : hauteur de chute du marteau [m] ;
g : accélération de la pesanteur [m/s²] ;
N : nombre de couches ;
n : nombre de coups par couche.

L'essai Proctor modifié est l'essai de compactage en laboratoire le plus utilisé. Il peut s'effectuer suivant quatre méthodes, selon le type du sol à analyser (voir tableau 2.IV).

Méthodes	Conditions du choix de la méthode	Diamètre maximal des particules (mm)	Volume du moule (cm³)	Nombre de coups par couches
A	Retenu 5mm < 7 %	5	944	25
B	Retenu 5mm < 7 %	5	2124	56
C	Retenu 5mm ≥ 7 % Retenu 20mm < 10 %	20	2124	56
D	Retenu 20mm ≥ 10 % Retenu 20mm ≤ 30%	20	2124	56

Tableau 2.IV. Description des méthodes des essais Proctor.

➤ Méthodes **A** ou **B** : On élimine le refus sur le tamis de 5mm et on réalise l'essai sur le passant du tamis de 5mm.
➤ Méthode **C** : On effectue l'essai sur le passant du tamis de 20mm.
➤ Méthode **D** : L'essai se fait sur le passant du tamis de 80mm, après remplacement de la masse des particules passant le tamis de 80mm et retenues sur le tamis de 20mm, par une masse égale de particules passant le tamis de 20mm et retenues sur le tamis de 5mm.
➤ Si la quantité de particules retenues sur le tamis de 20mm est supérieure à 30%, la norme recommande de ne pas effectuer l'essai Proctor.

IV.2.1. Mode opératoire de l'essai Proctor modifié
Le mode opératoire de l'essai Proctor modifié est le suivant :
1. On tamise un échantillon de sol représentatif.
2. Après séchage à l'air ou à une température ne dépassant pas 60°C pour les sables et les graviers, on sépare l'échantillon en quatre ou cinq parties (pour avoir quatre ou cinq éprouvettes), les échantillons destinés au moule de 944cm³ doivent avoir une masse d'environ 2.75Kg, ceux destinés au moule de 2124cm³ doivent peser environ 5.75Kg.

3. On règle la teneur en eau de chaque échantillon, de manière à ce que ces valeurs se répartissent de part et d'autre de la teneur en eau optimale. D'un échantillon à l'autre, la teneur en eau doit augmenter de 1.5%, et pour que la teneur en eau soit homogène, chaque échantillon doit être malaxé soigneusement et couvert d'une molécule plastique jusqu'à son utilisation.
4. On prend le volume et la masse du moule vide, (la norme prescrit de refaire ces masures toutes les milles utilisations).
5. On compacte chaque échantillon de sol en suivant la même méthode. On dépose dans le moule cinq couches égales de sol, en compactant chacune au moyen de 25 ou 56 coups de marteau, selon le moule utilisé. La distribution des coups doit être uniforme sur toute la surface, à des intervalles d'au moins une seconde et demie. Après avoir compacté les cinq couches, on enlève le collet et on arase le sol au niveau du moule (la dernière couche ne doit pas dépasser la hauteur intérieure du moule de plus de 6mm).
6. On pèse l'éprouvette humide immédiatement lors de son extraction du moule, et sèche après l'avoir laissée pendant 24 heures à l'étuve.

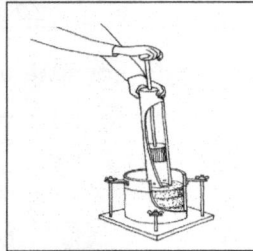

Figure 1.IV. Opération de compactage.

IV.2.2. Expression des résultats

Après avoir déterminé les poids sec et humide par pesées, la teneur en eau et la densité sèche seront déterminées à l'aide des formules suivantes :

$$\left. \begin{array}{l} W(\%) = \dfrac{P_h - P_s}{P_s} \\[2mm] \gamma_d \left(\dfrac{g}{cm^3}\right) = \dfrac{P_s}{V} \\[2mm] \text{Densité sèche:} \ \dfrac{\gamma_d}{\gamma_w} \end{array} \right\} \qquad (2.IV)$$

avec :

P_s : poids sec [g] ;
P_h : poids humide [g] ;
w : teneur en eau [%] ;
γ_d : poids volumique sec [KN/m^3] ;
V : volume du moule [cm^3] ;
γ_w : poids volumique de l'eau, $\gamma_w = 10$ KN/m^3.

Les résultats de compactage selon le Proctor modifié des granulats utilisés dans les couches d'assise (couche de fondation et couche de base), sont représentés dans les tableaux (3.IV) et (4.IV).

Matériaux	Ajouts (%)	$(\frac{\gamma_d}{\gamma_w})$ max	W_{opt} (%)
Granulats naturels	/	2.198	7.501
Granulats naturels + Ciment	2	2.201	7.210
	3	2.203	6.964
	4	2.207	6.654
	5	2.213	6.251
	6	2.218	5.974
Granulats naturels + Argile	2	2.200	7.402
	3	2.202	7.210
	4	2.205	6.752
	5	2.207	6.503
	6	2.210	6.002

Tableau 3.IV. Résultats du compactage des granulats de la couche de fondation.

Matériaux	Ajouts (%)	$(\frac{\gamma_d}{\gamma_w})$ max	W_{opt} (%)
Granulats naturels	/	2.223	5.802
Granulats naturels + Ciment	2	2.227	5.531
	3	2.231	5.356
	4	2.235	5.123
	5	2.224	5.100
	6	2.246	4.790
Granulats naturels + Argile	2	2.225	5.603
	3	2.227	5.406
	4	2.229	5.001
	5	2.232	4.490
	6	2.235	4.203

Tableau 4.IV. Résultats du compactage des granulats de la couche de base.

IV.3. ESSAIS C.B.R   NF P 94-078

Un essai qui peut être utilisé avec bénéfice pour caractériser à la fois la stabilité mécanique et la tenue à l'eau des matériaux pour corps de chaussées est l'essai C.B.R.

L'importance de cet essai, l'impose d'être objet de plusieurs recherches. Il fut traité et exposé de différentes manières et par plusieurs auteurs tels que : [Denis , 1999], [Jeuffroy , 1974] ,[Craminot , 2006] , [Dupain , Lanchon et Arroman , 2000] , sans y avoir de différence dans le principe , le but, le mode opératoire , etc.

Au cours de cet essai, le matériau est poinçonné par un piston de 19.3cm^2 de section, enfoncé à une vitesse constante de 1.27mm /mn. Les valeurs particulières des deux forces ayant provoqué les enfoncements de 2.5 et 5mm, sont alors rapportées aux valeurs 13.35KN et 20KN, qui sont les forces observées dans les mêmes conditions sur un matériau de référence.

Avant le poinçonnement, il faut :

1. Compacter à la teneur en eau optimale (w_{opt}), suivant le processus de l'essai Proctor modifié (moule C.B.R, dame lourde, cinq couches, cinquante-cinq coups par couche).
2. Araser le moule et déterminer la teneur en eau de la partie ainsi enlevée.
3. Enlever la plaque de base, ôter le disque d'espacement et retourner le moule, pour fixer sur la plaque de base l'extrémité qui était en haut, en interposant une feuille de papier filtre.
4. Peser l'ensemble, moule + plaque de base + contenu, à 1g près.

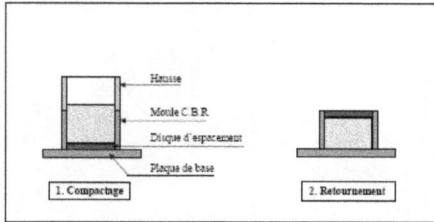

Figure 2.IV. Essai C.B.R, compactage et retournement de l'éprouvette.

L'indice recherché, est un nombre sans dimension, exprimé en pourcentage, définit le rapport entre les pressions produisant un enfoncement donné dans le matériau étudié d'une part, et dans le matériau type d'autre part.

L'indice C.B.R est par convention, la plus grande des deux valeurs suivantes :

$$\left.\begin{array}{c} \dfrac{\text{Effort de pénétration à 2.5 mm d'enfoncement(en KN)} \times 100}{13.35} \\[2em] \dfrac{\text{Effort de pénétration à 5 mm d'enfoncement(en KN)} \times 100}{20} \end{array}\right\} \quad (3.\text{IV})$$

La capacité portante du sol, est d'autant meilleure que l'indice C.B.R est plus élevé.

Les essais C.B.R permettent, la détermination de :

❖ L'indice portant immédiat (I.P.I), pour évaluer l'aptitude du matériau à supporter la circulation des engins pendant la durée du chantier. Le poinçonnement se fait immédiatement après confection de l'éprouvette, sans utilisation des charges annulaires.

❖ L'indice C.B.R immédiat (C.B.R immédiat), c'est pour déterminer la portance du matériau sous les surcharges de la chaussée. Les conditions sont identiques à l'I.P.I, mais le poinçonnement se fait en chargeant l'éprouvette par les deux charges annulaires de 2.3Kg chacune, lesquelles représentent la surcharge de la chaussée.

❖ L'indice C.B.R après immersion (C.B.R immersion), c'est pour déterminer la portance du matériau sous les plus mauvaises conditions hygrométriques (présence d'eau), qu'il est susceptible de rencontrer dans la pratique. On place sur l'échantillon, successivement, un disque de papier filtre, un disque perforé de gonflement et une charge constituée par des charges annulaires de 2.265g (au moins deux disques), représentant l'équivalent de la contrainte imposée par la chaussée sur la plate- forme de terrassement. On met le tout dans un bac rempli d'eau, la plaque de base étant un peu écartée du fond pour permettre le passage d'eau. Un comparateur tenu par un trépied placé sur le moule mesurera les variations de hauteur de l'échantillon. On remplit d'eau et l'on note la lecture de la mesure donnée par le comparateur au début de l'essai.

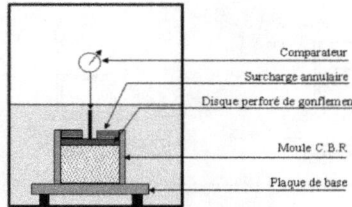

Figure 3.IV. Essai C.B.R imbibition et gonflement.

Dans le cas normal, laisser l'imbibition se poursuivre pendant quatre jours. À la fin de l'imbibition, on note le gonflement.

Le gonflement (G) pendant l'imbibition, est le gonflement linéaire relatif, par rapport à l'épaisseur h de l'échantillon à l'origine. Il est donné par la formule suivante :

$$G = \frac{\Delta h}{h} \times 100 \qquad\qquad (4.\text{IV})$$

Δh : gonflement mesuré [mm];
h : hauteur initiale de l'éprouvette [mm].

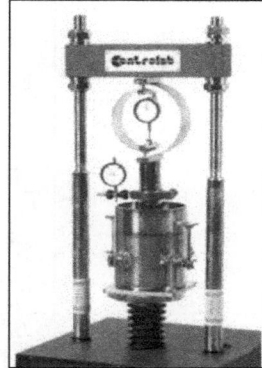

Figure 4.IV. Moule et appareillage   **Figure 5.IV. Presse C.B.R.**
Proctor et C.B.R.

Les résultats obtenus sur les essais CBR (IPI et CBR immersion), pour les granulats utilisés dans les couches d'assise avec ou sans ajouts, sont représentés dans les tableaux (5.IV) et (6.IV).

Matériaux	Ajouts (%)	Résultats des essais C.B.R						
		Indice Portant Immédiat (I.P.I)			Indice C.B.R après immersion (C.B.R$_{imm}$)			
		I$_{(2.5)}$ (%)	I$_{(5)}$ (%)	IPI (%)	I$_{(2.5)}$ (%)	I$_{(5)}$ (%)	C.B.R$_{im}$ m (%)	G (%)
Granulats naturels	/	45	53	53	23	42	42	0.00
Granulats naturels + Ciment	2	48	56	56	29	45	45	0.01
	3	54	62	62	34	49	49	0.03
	4	57	64	64	42	54	54	0.04
	5	59	65	65	49	57	57	0.06
	6	63	70	70	51	63	63	0.08
Granulats naturels + Argile	2	43	54	54	25	44	44	0.01
	3	48	56	56	40	47	47	0.02
	4	50	60	60	42	51	51	0.04
	5	52	62	62	47	54	54	0.08
	6	55	65	65	51	57	57	0.10

Tableau 5.IV. Résultats des essais C.B.R (I.P.I et C.B.R$_{imm}$) pour la couche de fondation.

Matériaux	Ajouts (%)	Résultats des essais C.B.R						
		Indice Portant Immédiat (I.P.I)			Indice C.B.R après immersion (C.B.R$_{imm}$)			
		I$_{(2.5)}$ (%)	I$_{(5)}$ (%)	IPI (%)	I$_{(2.5)}$ (%)	I$_{(5)}$ (%)	C.B.R$_{imm}$ (%)	G (%)
Granulats naturels	1	52	79	79	34	62	62	0.00
Granulats naturels + Ciment	2	65	81	81	45	64	64	0.00
	3	73	85	85	51	67	67	0.01
	4	85	92	92	60	70	70	0.02
	5	90	95	95	63	75	75	0.03
	6	91	98	98	68	79	79	0.06
Granulats naturels + Argile	2	54	80	80	42	63	63	0.01
	3	61	82	82	48	64	64	0.02
	4	58	83	83	50	67	67	0.04
	5	56	85	85	54	70	70	0.06
	6	57	86	86	65	71	71	0.08

Tableau 6.IV. Résultats des essais C.B.R (I.P.I et C.B.R$_{imm}$) pour la couche de base.

IV.4. ESSAIS MARSHALL

La norme NF P 98-251-2 (avril 1992), spécifie une méthode d'essai ayant pour but de déterminer, pour une température et une énergie de compactage donné, le pourcentage de vides, «la stabilité» et« le fluage» dits Marshall, d'un mélange hydrocarboné à chaud.

IV.4.1. Principe de l'essai

L'essai consiste à compacter des éprouvettes par damage selon un processus déterminé, puis les soumettre à un essai de compression (diamétrale) suivant une génératrice dans des conditions définies [1].

IV.4.2. Appareillage

* Au moins trois moules de compactage comportant chacun, une base, un corps de moule, une hausse : la base et la hausse s'adaptent aux deux extrémités du corps du moule. Le diamètre intérieur du moule doit être de 101.6mm ± 0.1mm.

Figure 6.IV. Moule Marshall.

* Deux pistons extracteurs de diamètre légèrement inférieur au diamètre intérieur du moule.

* Une dame de compactage comportant un marteau pesant 4536g ± 5g. Ce marteau coulisse librement sur une tige de guidage et ; tombe en chute libre de 457mm ± 5mm sur la base de la dame.

Figure 7.IV. Dame électrique   **Figure 8.IV. Dame manuelle.**

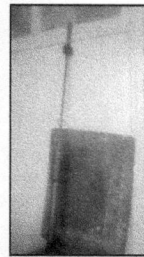

* Un bloc support de moule en chêne de dimensions suivantes : largeur 300mm, longueur 300mm, hauteur 450mm. Ce bloc muni de deux boulons servant pour le calage du moule.
* Au moins trois mâchoires d'écrasement, chacune étant composée de deux demi-mâchoires ayant un rayon de courbure intérieur compris entre 50.9mm et 51mm.

Figure 9.IV. Mâchoire d'écrasement.

- Un dispositif de mesure de fluage à 0.1mm près.
- Une presse à avancement moyen à vide, réglée à la valeur de 0.85mm/s ± 0.1mm/s, équipée d'un dispositif permettant de mesurer l'effort au cours d'essai.

Figure 10.IV. Presse Marshall.

- Un bain thermostatique pouvant contenir au moins trois éprouvettes et trois mâchoires d'écrasement.

Figure 11.IV. Bain thermostatique

- Plaque chauffante électrique.
- Un malaxeur pour le mélange granulaire avec ajout de bitume.

Figure 12.IV. Malaxeur

IV.4.3. Le mode opératoire

1. Mettre à l'étuve le mélange retenu d'un poids total de 6000g ainsi que le bitume choisi et les moules Marshall à une température spécifiée pendant minimum 2 heures ;
2. Sortir de l'étuve la cuve contenant le mélange granulaire et la poser sur la plaque chauffante ainsi que le bitume ;
3. Peser la quantité de bitume relative à chaque mélange ;
4. Malaxer le mélange granulaire pour homogénéiser pendant 30 secondes ;
5. Peser et verser la quantité du liant préconisée en actionnant le malaxeur pendant 2 à 5 minutes ;
6. Remplir le moule d'enrobé à raison de 1200g à 1g près ;
7. Compacter à la dame électrique à 50 coups par face pendant 55sec ± 5sec ;
8. Laisser refroidir le moule sous jet d'eau pendant 15 minutes ;
9. Démouler les éprouvettes et les laisser refroidir pendant 5 heures à la température ambiante ;
10. Numéroter les éprouvettes de 1 à 4 et la cinquième sera utilisée pour mesurer la densité apparente par pesée hydrostatique ;
11. Peser les éprouvettes à 1g près ;
12. Mesurer les dimensions des éprouvettes au 0.1mm près en 4 zones différentes pour la hauteur et 3 pour le diamètre ;
13. Préparer le bain marie à 60°C ± 1°C ;
14. Immerger les éprouvettes et les mâchoires d'écrasement dans l'eau à 60°C pendant 30 minutes; échelonner à 5 minutes par éprouvette ;
15. Sortir du bain l'éprouvette à 60°C et la placer dans les mâchoires d'écrasement l'ensemble est porté entre les plateaux de la presse réglée à une vitesse de 0.86mm/s ;
16. Procéder à l'écrasement et lire la valeur en KN correspond à la charge maximale de rupture ;
17. Mesurer la valeur de l'affaissement de l'éprouvette selon son diamètre vertical au moment de la rupture (fluage en 1/10) mm à l'aide du pied à coulisses.

IV.4.4. Les températures de référence

Les températures de référence de préparation des éprouvettes de mélanges à base de bitume pur, sont définies comme suit :

- ➢ Bitume 80/100 : 140°C ± 5°C ;
- ➢ Bitume 60/70 : 150°C ± 5°C ;
- ➢ Bitume 40/50 : 160°C ± 5°C ;
- ➢ Bitume 20/30 : 180°C ± 5°C.

Pour les autres liants hydrocarbonés, les températures de fabrication des mélanges, sont celles définies par le fournisseur. Les moules sont portés à la température de référence de préparation des éprouvettes (2 heures au minimum).

Les résultats des essais Marshall pour le mélange utilisé dans la couche de roulement avec et sans ajout de caoutchouc, sont représentés dans le tableau (7.IV).

Formulation Teneur en liant (%)	Ajout de caoutchouc en (%)	Stabilité Marshall (KN)	Fluage (1/10) (mm)	Masse volumique apparente (g/cm^3)
Formulation A 5.80%	0	900	35.09	2.281
	1	905	34.87	2.287
	2	908	34.68	2.288
	3	912	34.53	2.289
	4	915	34.25	2.295
	5	917	34.14	2.298
	6	////////////////	///////////	2.288
	7	////////////////	///////////	2.280
	10	////////////////	///////////	2.260
Formulation B 6.14%	0	958	32.15	2.290
	1	965	31.70	2.291
	2	970	31.30	2.293
	3	980	30.93	2.299
	4	985	30.70	2.306
	5	990	30.50	2.314
	6	////////////////	///////////	2.296
	7	////////////////	///////////	2.288
	10	////////////////	///////////	2.278
Formulation C 6.39%	0	1020	29.59	2.300
	1	1070	29.02	2.304
	2	1100	28.79	2.309
	3	1150	28.50	2.316
	4	1170	28.15	2.319
	5	1200	27.23	2.323
	6	////////////////	///////////	2.316
	7	////////////////	///////////	2.301
	10	////////////////	///////////	2.293
Formulation D 6.65%	0	880	34.63	2.310
	1	900	33.87	2.318
	2	915	33.59	2.322
	3	922	33.27	2.325
	4	929	33.08	2.329
	5	935	32.89	2.331
	6	////////////////	///////////	2.321
	7	////////////////	///////////	2.308
	10	////////////////	///////////	2.292

Tableau7.IV. Résultats des essais Marshall en fonction de la teneur en liant et du pourcentage du caoutchouc rajouté (couche de roulement).

IV.5. ESSAIS DURIEZ

La norme NF P 98-251-1 (septembre 2002), spécifie les essais à chargement statique sur mélanges hydrocarbonés. Elle décrit une méthode ayant pour but de déterminer, pour une température et un compactage donné, la tenue à l'eau d'un mélange hydrocarboné à chaud, à partir du rapport des résistances en compression avec et sans immersion des éprouvettes, et leur pourcentage de vides.

IV.5.1. Principe de l'essai

Les éprouvettes nécessaires à la réalisation de l'essai, sont fabriquées par compactage statique à double effet. Deux éprouvettes sont destinées à la mesure de la masse volumique par pesée hydrostatique pour calculer le pourcentage des vides. Les autres éprouvettes sont soumises à l'essai de compression après conservation à 18°C dans des conditions définies : à l'air pour certaines éprouvettes, en immersion pour d'autres [2].

La tenue à l'eau, est caractérisée par le rapport des résistances avec ou sans immersion.

IV.5.2. Appareillage

- Moules et pistons :
  - Mélanges hydrocarbonés de D ≤ 14mm : un minimum de 12 moules métalliques, cylindriques de diamètre intérieur compris entre [80 – 0.1]mm et [80 + 0.3]mm et de hauteur minimale 190mm et des pistons de diamètre extérieur minimal de 79.75mm et pouvant coulisser librement par rapport au moule.
  - Mélanges hydrocarbonés de D > 14mm : un minimum de 10 moules métalliques, cylindriques de diamètre intérieur compris entre [120 – 0.1]mm et [120 + 0.3]mm et de hauteur minimale 270mm et des pistons de diamètre extérieur minimal de 119.75mm et pouvant coulisser librement par rapport au moule.

Figure 13.IV. Moule Duriez.

- Presse :
- une presse permettant le compactage à double effet et le maintien :
  a. d'une charge de 60 KN ± 0.5% pendant cinq minutes sur chaque éprouvette   pour les mélanges hydrocarbonés de D ≤ 14 mm ;

  b. d'une charge de 180 KN ± 0.5% pendant cinq minutes sur chaque éprouvette pour les mélanges hydrocarbonés de D > 14 mm ;

- un système d'application de la charge comportant au moins une rotule permettant un   avancement moyen à vide de 1 mm/s, équipé d'un dispositif permettant de mesurer l'effort au cours de l'essai d'exactitude relative de ± 1%.

Figure 14.IV. Presse Duriez

IV.5.3. Le mode opératoire

1. Mettre à l'étuve le mélange retenu d'un poids spécifié   ainsi que le bitume choisi et les moules Duriez à une température spécifiée pendant minimum 2 heures ;
2. Sortir de l'étuve la cuve contenant le mélange granulaire et   la poser sur la plaque chauffante ainsi que le bitume ;
3. Peser la quantité de bitume relative à chaque mélange ;
4. Malaxer le mélange granulaire pour homogénéiser pendant 30 secondes ;
5. Peser et verser la quantité du liant préconisée en actionnant le malaxeur pendant 2 à 5 minutes ;
6. Remplir le moule d'enrobé à un poids spécifié au gramme près ;
7. Compacter sous presse avec une charge suivant l'essai Duriez   demandé (60KN ou 180 KN) ;
8. Laisser refroidir le moule en position couchée pendant 4 heures au moins à la température ambiante ;
9. Démouler les éprouvettes au (j+1) ;

10. Numéroter les éprouvettes de 1 à 6; l'éprouvette n° 7 sera utilisée pour la détermination de la masse volumique apparente ;
11. Peser les éprouvettes à 1g près ;
12. Mesurer les dimensions des éprouvettes au 0.1mm près en 4 zones différentes pour la hauteur et trois pour le diamètre ;
13. Mettre les trois premières éprouvettes dans l'appareil de dégazage à 47 bars pendant 1 heure $\pm$ 5mn ensuite introduire l'eau jusqu'à immersion tout en maintenant la même pression résiduelle pendant 2 heures ;
14. Sortir les trois éprouvettes; les essuyer et les peser avant de les mettre dans le bain marie à 18°C ;
15. Conserver trois éprouvettes à sec à la température de 18°C $\pm$ 1°C et dans une ambiance à 50% d'humidité relative pendant 7 jours ;
16. Conserver les trois autres éprouvettes dans le bain marie à la température de 18°C pendant 7 jours (j+8) ;
17. Peser et mesurer les trois éprouvettes immergées après 2 heures – (j+1), après 2 jours (j+2), et après 7 jours (j+8) ;
18. Au jour (j+8); procéder à l'écrasement des éprouvettes à sec et en immersion. La vitesse du plateau est réglée à 1mn/s $\pm$ 1s. Porter la valeur moyenne de la résistance à la compression à sec (R), porter la valeur moyenne de la résistance en immersion (r'), les résistances à la compression simple sont déterminées à partir de la charge maximale à la rupture de l'éprouvette d'essai ;
19. Calculer le rapport (r'/R).

IV.5.4. Les températures de référence

Les températures de référence de préparation des éprouvettes de mélanges à base de bitume pur, sont définies comme suit :

- o Bitume 70/100 :   140°C $\pm$ 5°C ;
- o Bitume 50/70 :   150°C $\pm$ 5°C ;
- o Bitume 35/50 :   160°C $\pm$ 5°C ;
- o Bitume 20/30 :   180°C $\pm$ 5°C.

Pour les autres liants hydrocarbonés, les températures de fabrication des mélanges, sont celles définies par le fournisseur. Les moules sont portés à la température de référence de préparation des éprouvettes (2 heures au minimum).

Les résultats des essais Duriez normal et dilaté pour le mélange utilisé dans la couche de roulement et la couche de base avec et sans ajout de caoutchouc, sont représentés dans les tableaux 8.IV et 9.IV.

Formulation Teneur en liant (%)	Ajout de caoutchouc en (%)	Résistance après 7j à l'air à 18°C (R) (bars)	Résistance après 7j en immersion à 18°C (r') (bars)	Masse volumique apparente (g/cm³)
Formulation A 5.80%	0	72.00	53.50	2.260
	1	72.50	53.80	2.262
	2	72.80	54.30	2.267
	3	73.30	54.55	2.270
	4	73.80	54.70	2.273
	5	74.00	55.00	2.279
	6	////////////////////	//////////	2.266
	7	////////////////////	//////////	2.261
	10	////////////////////	//////////	2.259
Formulation B 6.14%	0	74.50	55.60	2.270
	1	74.70	56.00	2.272
	2	74.90	56.50	2.277
	3	75.15	57.15	2.281
	4	75.25	57.45	2.283
	5	75.47	57.65	2.284
	6	////////////////////	//////////	2.278
	7	////////////////////	//////////	2.273
	10	////////////////////	//////////	2.267
Formulation C 6.39%	0	75.10	58.30	2.280
	1	75.50	58.50	2.284
	2	75.90	58.72	2.289
	3	76.35	59.00	2.294
	4	76.65	59.35	2.301
	5	76.85	59.50	2.309
	6	////////////////////	//////////	2.302
	7	////////////////////	//////////	2.293
	10	////////////////////	//////////	2.289
Formulation D 6.65%	0	74.20	57.00	2.29
	1	74.50	57.20	2.292
	2	74.56	57.50	2.297
	3	74.80	57.75	2.306
	4	75.35	57.85	2.311
	5	75.50	58.00	2.314
	6	////////////////////	//////////	2.299
	7	////////////////////	//////////	2.291
	10	////////////////////	//////////	2.287

Tableau 8.IV. Résultats des essais Duriez en fonction de la teneur en liant et du pourcentage du caoutchouc rajouté (couche de roulement)

Formulation Teneur en liant (%)	Ajout de caoutchouc en (%)	Résistance après 7j à l'air à 18°C (R) (bars)	Résistance après 7j en immersion à 18°C (r') (bars)
Formulation E 3.56%	0	61.95	39.82
	1	62.35	40.15
	2	62.56	40.25
	3	62.75	40.36
	4	/////////////////////	//////////
	5	/////////////////////	//////////
	6	/////////////////////	//////////
	7	/////////////////////	//////////
	10	/////////////////////	//////////
Formulation F 3.80%	0	64.00	43.01
	1	64.45	43.12
	2	64.67	43.45
	3	64.75	43.52
	4	/////////////////////	//////////
	5	/////////////////////	//////////
	6	/////////////////////	//////////
	7	/////////////////////	//////////
	10	/////////////////////	//////////
Formulation G 4.05%	0	66.40	47.20
	1	66.52	47.32
	2	66.75	47.56
	3	66.87	47.65
	4	/////////////////////	//////////
	5	/////////////////////	//////////
	6	/////////////////////	//////////
	7	/////////////////////	//////////
	10	/////////////////////	//////////
Formulation H 4.30%	0	62.00	42.01
	1	62.25	42.15
	2	62.39	42.25
	3	62.45	42.36
	4	/////////////////////	//////////
	5	/////////////////////	//////////
	6	/////////////////////	//////////
	7	/////////////////////	//////////
	10	/////////////////////	//////////

Tableau 9.IV. Résultats des essais Duriez dilaté en fonction de la teneur en liant et du pourcentage du caoutchouc rajouté (couche de base).

IV.6. Conclusion

Les granulats des couches d'assise soumis aux essais Proctor et CBR, présentent des résultats satisfaisants, avec les différents pourcentages d'ajouts.

La variation de la densité et de la teneur en eau, est fonction de la nature du matériau traité et du pourcentage d'ajout.

Les essais Marshall et Duriez réalisés sur l'enrobé bitumineux, ont permis de mieux caractériser son comportement avant et après traitement, et ont montré l'influence des granulats de caoutchouc sur l'évolution de la portance du mélange.

La résistance à la compression des mélanges bitumineux (couche de base et couche de roulement), varie en fonction de la teneur en liant et du pourcentage du caoutchouc rajouté.

Les résultats obtenus sur les granulats soumis aux différents essais (Proctor, C.B.R, Marshall, Duriez normal et dilaté), sont récapitulés et interprétés dans le chapitre (V) suivant.

CHAPITRE V
RESULTATS
ET INTERPRETATIONS

V.1. INTRODUCTION

Après avoir réalisé les essais Proctor, C.B.R, pour les couches d'assise et les essais Marshall et Duriez, pour la couche de roulement et la couche de base, les résultats obtenus après toutes les conversions de calcul, sont traduits sous forme de tableaux et de courbes pour permettre leur interprétations.

Ce chapitre constitue la synthèse de cette étude. Il contient ainsi, toutes les interprétations et les courbes les plus significatives, montrant le comportement des granulats étudiés sous les différentes sollicitations.

On commencera par l'interprétation des résultats du compactage des couches d'assise, puisqu'ils constituent la première série des essais réalisés au niveau de laboratoire de la mécanique des sols de l'Université Mouloud Mammeri de Tizi-Ouzou, on passera ensuite aux résultats C.B.R, obtenus au laboratoire central des travaux publics de Tizi-Ouzou, après poinçonnement des échantillons compactés à la teneur en eau optimale obtenue lors des essais Proctor, enfin, on termine par l'interprétation des résultats des essais mécaniques réalisés au niveau du laboratoire central des travaux publics d'Alger (Hussein-Dey), pour la couche de roulement et la couche de base, par le traitement avec ajout de bitume et de granulats de pneus usés.

V.2. INTERPRETATION DES RESULTATS DES COUCHES D'ASSISE

Les résultats expérimentaux relatifs au compactage des différents matériaux utilisés dans les couches d'assise, après ajout de ciment, d'argile, sont illustrés par les courbes présentées sur les figures ci-après et interprétés au fur et à mesure en fonction de la nature d'ajout et du pourcentage d'ajout exigé selon le cas pratique.

V.2.1. Interprétation des résultats d'essais Proctor modifié pour les couches d'assise

V.2.1.1. Traitement avec le ciment

Les figure (1.V) et (2.V), regroupe les courbes Proctor des matériaux traités avec le ciment pour les deux couches d'assise (couche de fondation et couche de base).

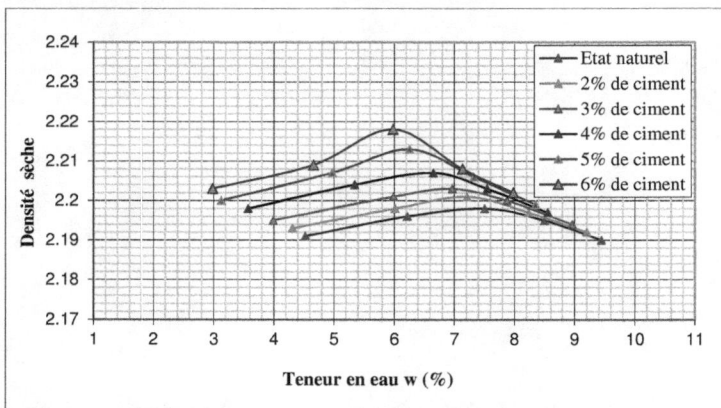

Figure 1.V. Courbes Proctor, en fonction du pourcentage du ciment rajouté. (Couche de fondation)

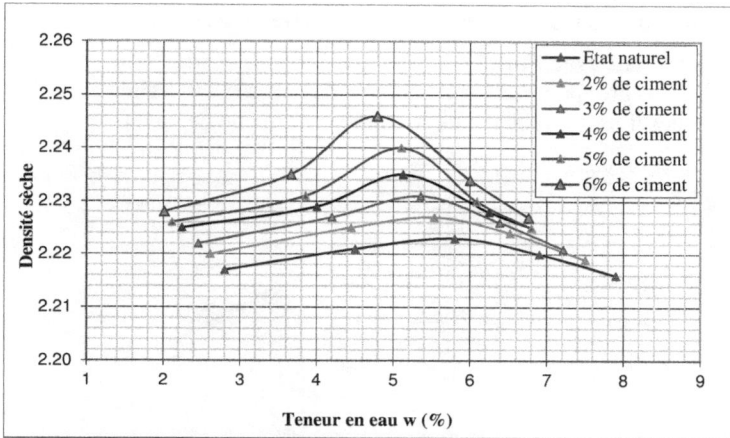

Figure 2.V. Courbes Proctor, en fonction du pourcentage du ciment rajouté.
(Couche de base)

En se référant aux figures (1.V) et (2.V), nous constatons que l'ajout du ciment, influe considérablement sur le comportement des granulats naturels des couches d'assise au compactage.

La densité sèche du matériau utilisé dans la couche de base, s'améliore sensiblement dès le premier ajout de ciment et atteint la valeur de 2.227. Elle s'améliore d'avantage pour atteindre la valeur de 2.246 avec l'ajout de 6% de ciment.

La teneur en eau optimale varie en fonction du pourcentage d'ajout. Elle passe de la valeur 5.802% sans traitement à la valeur de 5.531% et 4.790%, pour les ajouts de 2% et 6% de ciment respectivement.

D'après la figure (1.V), on constate que, la densité sèche du mélange (granulats naturels + ciment) utilisé pour la couche de fondation, est de 2.198. Cette dernière s'améliore et atteint la valeur de 2.201 avec l'ajout de 2% de ciment. Elle augmente progressivement pour atteindre la valeur de 2.218, avec l'ajout de 6% de ciment.

Les teneurs en eau optimales obtenues dans tous les cas d'ajout de ciment, restent inférieures à celle des granulats naturels sans traitement. (W_{opt}) est de 7.501% dans le cas naturel (sans traitement), cette valeur diminue jusqu'à atteindre une valeur de 7.210% pour l'ajout de 2% et continue à diminuer pour atteindre la valeur de 5.974% avec l'ajout de 6% de ciment.

Les résultats obtenus pour la couche de base sont supérieurs à ceux obtenus pour la couche de fondation, cela peut être dû à la nature différente des matériaux utilisés pour les deux couches, qui a influencé sur le comportement des granulats au compactage. Le matériau utilisé pour la couche de base est une grave concassée, la forme des granulats facilite le compactage, la structure du matériau devienne plus dense, ce qui conduit à un indice de vides petit. Contrairement à la couche de fondation, où le matériau est un tout venant d'Oued, les granulats sont de type roulé, difficiles à être compactés et la densité reste inférieure au concassé.

V.2.1.2. Traitement avec l'argile

La figure (3.V), regroupe les courbes Proctor des matériaux traités avec l'argile pour les deux couches d'assise (couche de fondation et couche de base).

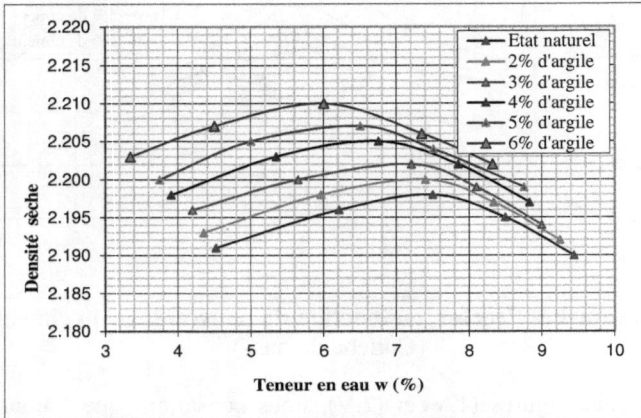

Figure 3.V. Courbes Proctor, en fonction du pourcentage d'argile rajouté. (Couche de fondation)

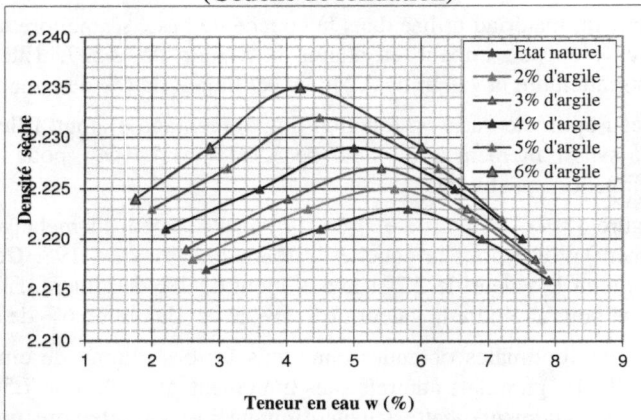

Figure 4.V. Courbes Proctor, en fonction du pourcentage d'argile rajouté. (Couche de base)

D'après les figures (3.V) et (4.V), nous constatons que l'ajout d'argile, a permis d'augmenter la densité et de diminuer la teneur en eau, des granulats naturels des couches d'assise.

Selon la figure (3.V), La teneur en eau optimale est 7.501 à l'état naturel. Elle passe de 7.402% avec l'ajout de 2%, à la valeur de 6.752% avec l'ajout de 4% d'argile, pour atteindre la valeur de 6.002% avec l'ajout de 6% d'argile.

La densité sèche maximale est de 2.198 dans le cas sans traitement. Elle s'améliore légèrement avec le premier ajout et atteint les valeurs de 2.202, 2.205 et 2.207 avec les ajouts 3%, 4% et 5% respectivement. La densité sèche optimale est de 2.210 avec l'ajout de 6% d'argile.

La teneur en eau optimale sans ajout est de 5.802 %, selon la figure (4.V). Avec ajout de 2% d'argile, cette teneur en eau passe de la valeur de 5.603%, à la valeur de 4.49% avec ajout de 5%, pour atteindre la valeur 4.203% avec ajout de 6% d'argile

La densité sèche maximale sans ajout est de 2.223.Cette densité est améliorée progressivement avec différents ajouts. L'ajout de 2% d'argile , nous a permis d'augmenter la densité à une valeur de 2.225.Cette valeur atteint les valeurs de 2.232 et 2.235 avec ajouts de 5% et 6% d'argile respectivement.

Ces résultats montrent que, l'ajout des particules argileuses à un matériau, permet de diminuer sa teneur en eau et d'augmenter sa densité sèche. Cela est dû au pouvoir des particules fines à colmater les vides existant entre les grains. Comme dans le cas du traitement avec ajout de ciment, les résultats obtenus avec ajout d'argile pour la couche de fondation sont, aussi inférieurs à ceux obtenus pour la couche de base.

Les courbes Proctor avec ajout de ciment, sont pointues avec les deux derniers ajouts (5% et 6%), comparativement à celles obtenues avec l'ajout d'argile, cela montre la sensibilité à l'eau des mélanges comportant du ciment.

V.2.1.3. Evolution de la densité sèche en fonction du pourcentage d'ajout

Les figures (5.IV) et (6.IV), regroupent l'évolution de la densité sèche du matériau, en fonction du pourcentage d'ajout.

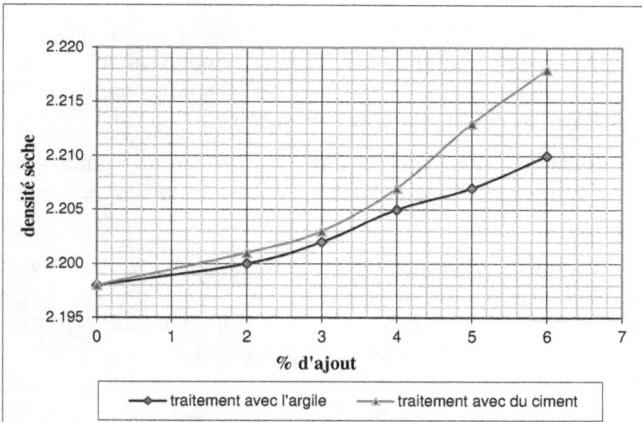

Figure 5.V. Evolution de la densité sèche du matériau, en fonction du pourcentage d'ajout. (Couche de fondation)

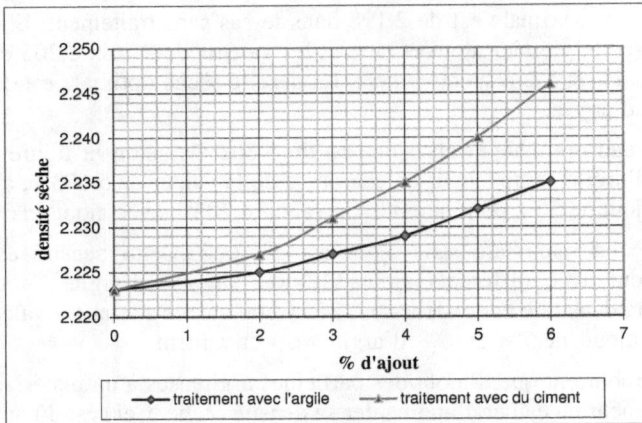

Figure 6.V. Evolution de la densité sèche du matériau, en fonction du pourcentage d'ajout. (Couche de base)

Le traitement des couches d'assise, avec ajout de matériaux de nature différente, nous a permet de remarquer, l'influence de ces deux ajouts sur le comportement du matériau au compactage.

D'après les figures (5.V) et (6.V), nous constatons que, le traitement de la couche de base, avec le ciment a donné des résultats meilleurs que le traitement avec l'argile. Cela peut se traduit par, la capacité importante du ciment à colmater les vides et de former une structure plus dense à celle formée par l'argile.

D'une façon générale, on constate que, les deux matériaux influent positivement sur le compactage du matériau naturel. Ces résultats montrent le rôle améliorant des particules d'argile et de ciment au compactage des granulats naturels, qui peut être dû au pouvoir adhésif de ces deux matériaux en présence d'eau.

D'après les résultats obtenus, on constate que les deux traitements permettent, d'améliorer la densité sèche du matériau traité et de diminuer sa teneur en eau.

V.2.2. Interprétation des résultats d'essais C.B.R pour les couches d'assise
V.2.2.1. Traitement avec le ciment
Les résultats expérimentaux relatifs aux essais de portance (C.B.R), avec un optimum d'ajout de ciment, sont présentés sur les figures suivantes :

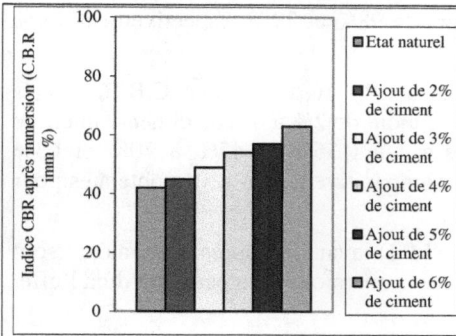

Figure 7.V.a Evolution de l'indice C.B.R$_{imm}$,
en fonction du pourcentage du ciment rajouté.

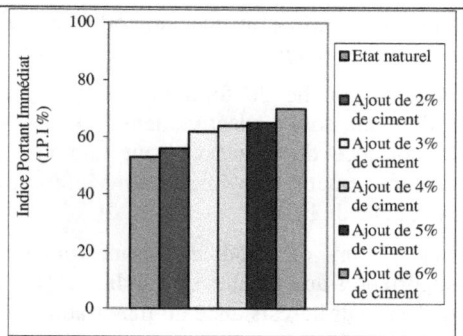

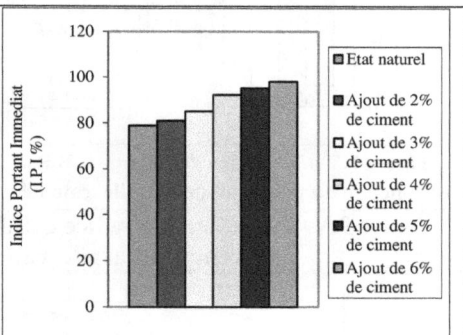

Figure 7.V.b Evolution de l'indice I.P.I,
en fonction du pourcentage du ciment
rajouté.

**Figure 7.V. Evolution de l'indice C.B.R$_{imm}$ et de l'indice I.P.I, en fonction du
pourcentage du ciment rajouté. (Couche de fondation)**

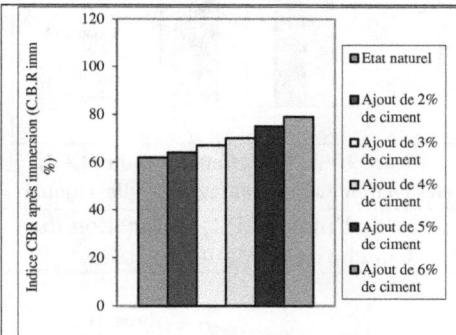

Figure 8.V.a. Evolution de l'indice C.B.R$_{imm}$,
en fonction du pourcentage du ciment .
rajouté

Figure 8.V.b. Evolution de l'indice I.P.I,
en fonction du pourcentage du ciment
rajouté.

**Figure 8.V. Evolution de l'indice C.B.R$_{imm}$ et de l'indice I.P.I, en fonction du
pourcentage du ciment rajouté. (Couche de base)**

Les figures (7.V) et (8.V) montrent que, le traitement avec ajout de ciment, présente
un comportement positif sous les essais de portance C.B.R.

Les valeurs de l'IPI et de l'indice C.B.R$_{imm}$ à l'état naturel, sont respectivement 79%
et 62% pour la couche de base. Ces deux valeurs s'améliorent légèrement pour
atteindre les valeurs de 81% et 64% respectivement à 2% de ciment. L'ajout
progressif des différents pourcentages d'ajouts, influe sur les valeurs de l'I.P.I et de

l'indice C.B.R$_{imm}$ jusqu'à atteindre les valeurs de 98% et 79% respectivement à 6% d'ajout de ciment.

Pour la couche de fondation, les valeurs de l'I.P.I et de l'indice C.B.R$_{imm}$ sans traitement, sont respectivement 53% et 42%. L'ajout de 2% à 6% de ciment, améliore la portance du matériau pour atteindre les valeurs 56% et 45% à 70% et 63% respectivement. Ces valeurs sont inferieures comparativement à celles obtenues pour la couche de base.

Les valeurs de l'indice portant immédiat (I.P.I) avant et après traitement, sont supérieures aux valeurs de l'indice C.B.R après immersion. Cela peut être dû à l'effet de l'eau sur la résistance du matériau traité.

V.2.2.2. Traitement avec l'argile

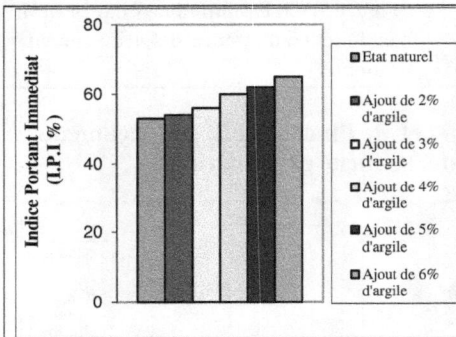

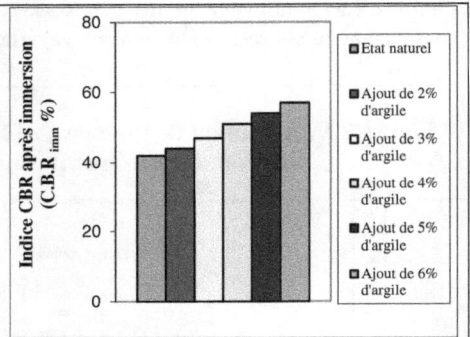

Figure 9.V.a.Evolution de l'indice C.B.R$_{imm}$, en fonction du pourcentage d'argile rajouté.

Figure 9.V.b. Evolution de l'indice I.P.I, en fonction du pourcentage d'argile rajouté.

Figure 9.V. Evolution de l'indice C.B.R$_{imm}$ et de l'indice I.P.I, en fonction du pourcentage d'argile rajouté. (Couche de fondation)

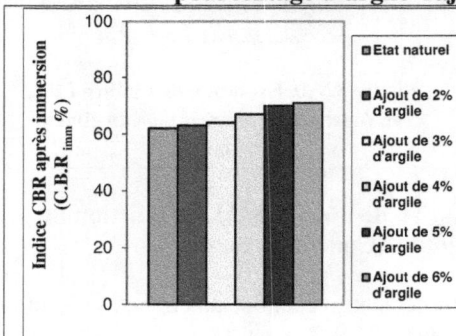

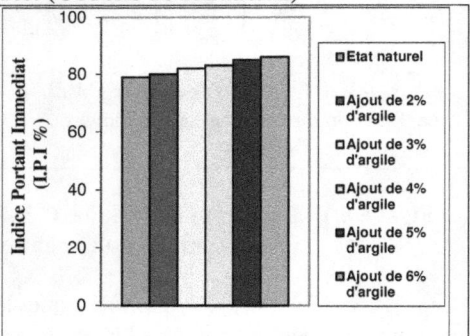

Figure 10.V. a. Evolution de l'indice C.B.R$_{imm}$, en fonction du pourcentage d'argile rajouté.

Figure 10.V.b. Evolution de l'indice I.P.I, en fonction du pourcentage d'argile rajouté.

Figure 10.V. Evolution de l'indice C.B.R$_{imm}$ et de l'indice I.P.I, en fonction du pourcentage d'argile rajouté. (Couche de base)

Selon les figures (9.V) et (10.V), les valeurs des deux indices C.B.R (I.P.I et C.B.R$_{imm}$), obtenus après traitement avec l'ajout d'argile, sont supérieures à celles obtenues pour le matériau naturel utilisé dans les deux couches d'assise (couche de base et couche de fondation).

Pour la couche de fondation, les valeurs de l'I.P.I et de l'indice C.B.R$_{imm}$ sans traitement du matériau, sont respectivement 53% et 42%. Avec 2% d'ajout d'argile, ces deux valeurs s'améliorent légèrement pour atteindre les valeurs de 54% et 44% respectivement. L'ajout de 6% d'argile, influe sur les valeurs de l'IPI et de l'indice C.B.R$_{imm}$ jusqu'à atteindre les valeurs de 65% et 57% respectivement.

La figure (10.V) montre que, les valeurs de l'I.P.I et de l'indice C.B.R$_{imm}$ à l'état naturel, sont respectivement 79% et 62% pour la couche de base. L'ajout de 2% à 6% d'argile, améliore la portance du matériau pour atteindre les valeurs de 80% et 63% à 86% et 71% respectivement. Ces valeurs sont supérieures comparativement à celles obtenues pour la couche de fondation.

V.2.2.3. Evolution de l'indice C.B.R$_{imm}$ et I.P.I, en fonction de la nature et du pourcentage d'ajouts

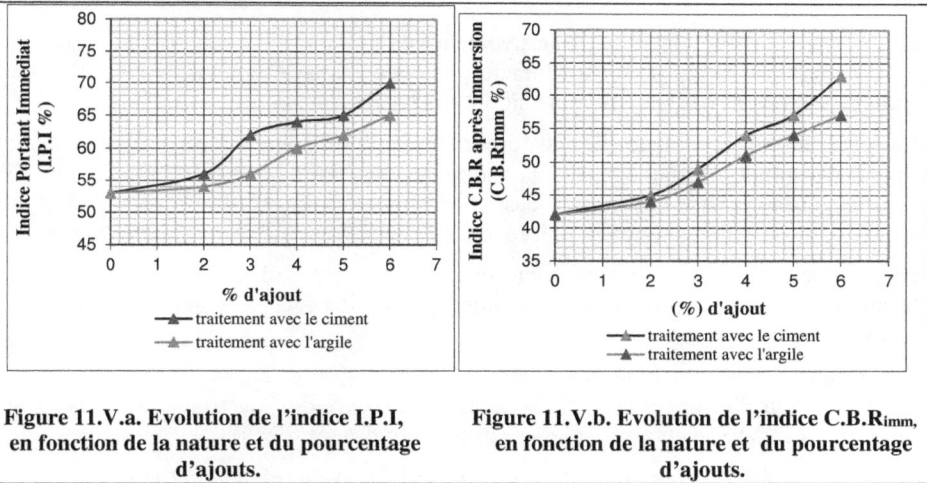

Figure 11.V.a. Evolution de l'indice I.P.I, en fonction de la nature et du pourcentage d'ajouts.

Figure 11.V.b. Evolution de l'indice C.B.R$_{imm}$, en fonction de la nature et du pourcentage d'ajouts.

Figure 11.V. Evolution de l'indice C.B.R$_{imm}$ et de l'indice I.P.I, en fonction de la nature et du pourcentage d'ajouts. (Couche de fondation)

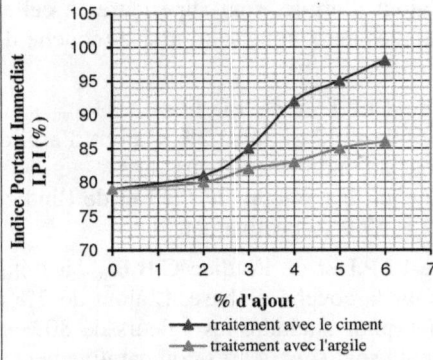

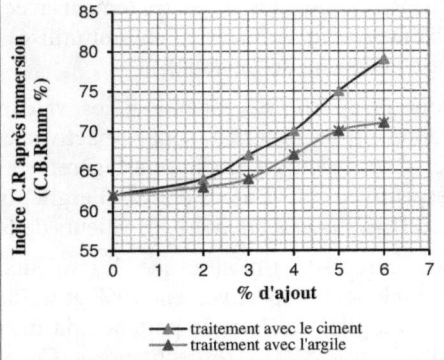

Figure 12.V.a. Evolution de l'indice I.P.I, en fonction de la nature et du pourcentage. d'ajouts

Figure 12.V.b Evolution de l'indice C.B.R$_{imm}$, en fonction de la nature et du pourcentage d'ajouts.

Figure 12.V. Evolution de l'indice C.B.R$_{imm}$ et de l'indice I.P.I, en fonction de la nature et du pourcentage d'ajouts. (Couche de base)

D'une manière générale, et comparativement aux granulats naturels, les deux indices C.B.R (I.P.I et C.B.R$_{imm}$) obtenus lors du poinçonnement des granulats naturels avant et après traitement par les différents ajouts, sont satisfaisants.

Les résultats obtenus avec l'ajout de ciment, sont supérieurs à ceux obtenus avec l'ajout d'argile. Cela peut être dû à la nature des matériaux qui est différente, pour les deux couches d'assise (couche de base et couche de fondation) et à la nature et au comportement, à l'état sec et en présence d'eau de l'ajout, utilisé pour le traitement.

Ils traduisent ainsi, un comportement positif au moment de leur mise en œuvre sous la circulation des engins et après la mise en service face aux agents climatiques agressifs.

Ces résultats sont très importants, car ils reflètent l'effet bénéfique d'un ajout de ciment ou d'argile sur les conditions de mise en œuvre des matériaux utilisés et leur résistance face aux agents climatiques agressifs (présence d'eau).

Les valeurs de l'indice portant immédiat (I.P.I) avant et après traitement, sont supérieures aux valeurs de l'indice C.B.R après immersion. Cela peut être dû à l'effet de l'eau sur la résistance du matériau traité, mais restent des valeurs acceptables dans le domaine routier.

V.3. INTRODUCTION DES GRANULATS DE CAOUTCHOUC DANS LA COUCHE DE ROULEMENT

V.3.1. Résultats des essais Marshall

Les figures (13.V), (14.V), (15.V) et (16.V), montrent la variation de la masse volumique apparente, en fonction du pourcentage du caoutchouc rajouté, pour chaque formulation.

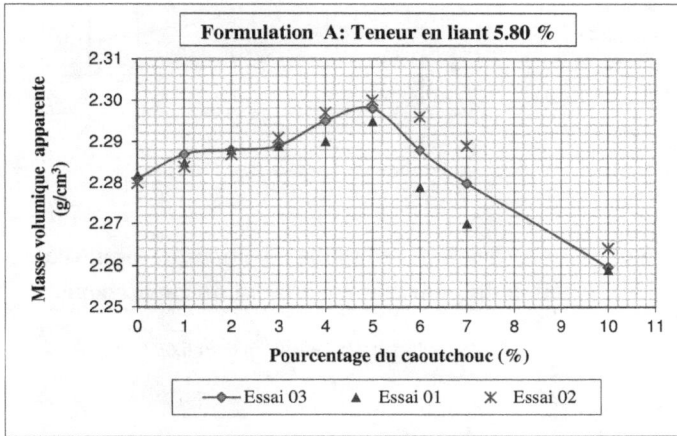

Figure 13.V. Variation de la masse volumique apparente, en fonction du pourcentage d'ajout du caoutchouc.

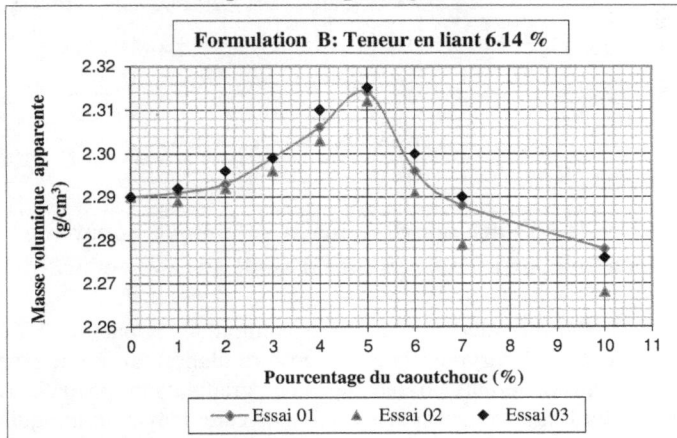

Figure 14.V. Variation de la masse volumique apparente, en fonction du pourcentage d'ajout du caoutchouc.

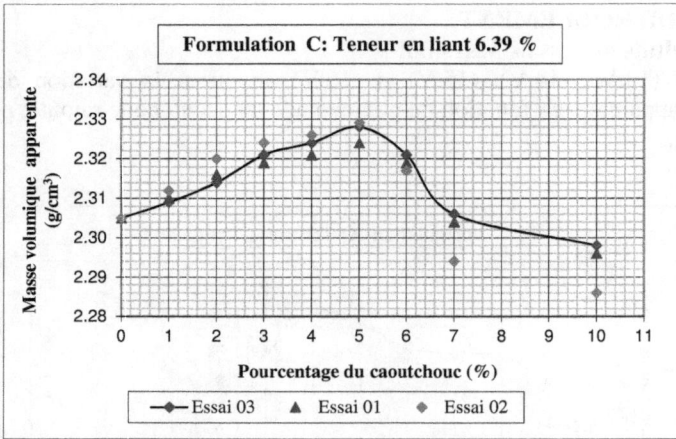

Figure 15.V. Variation de la masse volumique apparente, en fonction du pourcentage d'ajout du caoutchouc.

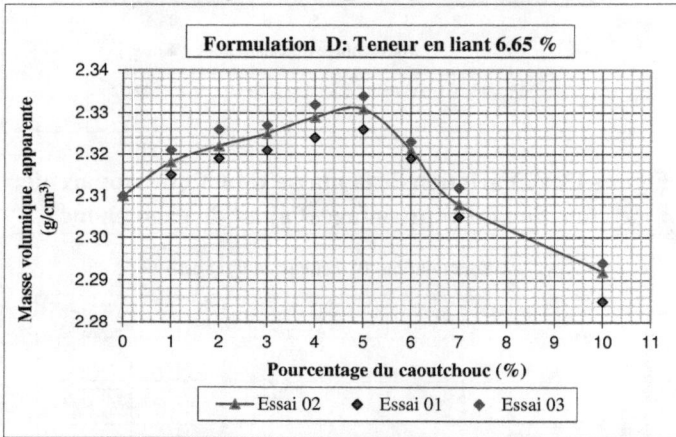

Figure 16.V. Variation de la masse volumique apparente, en fonction du pourcentage d'ajout du caoutchouc.

Selon la figure (13.V), la valeur de la masse volumique apparente à l'état naturel (sans ajout), est de 2.281g/cm^3 pour la première formulation, avec une teneur en liant de 5.80%. L'ajout des différents pourcentages des granulats de pneus broyés, nous a permis de remarquer l'augmentation progressive de cette masse volumique apparente. Elle passe de la valeur 2.287g/cm^3, avec le premier ajout (qui est de 1%), pour atteindre la valeur de 2.298g/cm^3 à 5% d'ajout. Au-delà de ce dernier pourcentage, cette masse volumique apparente diminue et atteint la valeur de 2.26g/cm^3 à 10%

d'ajout de granulats de pneus broyés. Cela peut être dû à l'influence du pourcentage ajouté, sur la résistance et la liaison entre les différents grains constituant le matériau.

La figure (14.V), montre que la deuxième formulation obtenue, avec une teneur en liant de 6.14%, nous donne une masse volumique apparente de 2.29g/cm^3, supérieure à la masse volumique apparente obtenue avec la première formulation. Cela nous permet de conclure que, la masse volumique apparente du matériau varie en fonction de la teneur en liant.

À 2% d'ajout, cette masse volumique apparente atteint la valeur de 2.296g/cm^3.Cette dernière augmente progressivement, pour atteindre la valeur de 2.315g/cm^3 à 5% d'ajout de granulats de pneus broyés. À 7% et 10%, la masse volumique apparente diminue et atteint les valeurs de 2.29 g/cm^3 et 2.276g/cm^3 respectivement.

D'après les figures (15.V) et (16.V), les masses volumiques apparentes obtenues, sont supérieures aux masses volumiques apparentes trouvées avec les deux premières formulations. Elle passe de la valeur de 2.30g/cm^3, avec une teneur en liant de 6.39% à une valeur de 2.31 g/cm^3, avec une teneur en liant de 6.65% à l'état naturel (sans ajout). Cela peut être dû au rôle du liant, sur la structure et la compacité du matériau obtenu. Comme dans les deux cas précédents, ces masses volumiques apparentes, s'améliorent à un pourcentage inférieur à 5% des granulats de pneus broyés. À un pourcentage supérieur à 5%, ces granulats influent négativement sur la compacité du matériau.

D'après les résultats obtenus, nous constatons que, la masse volumique apparente du matériau utilisé dans la couche de roulement, varie en fonction de la teneur en liant et du pourcentage des granulats de caoutchouc rajoutés pour chaque formulation. Les figures (17.V), (18.V), (19.V) et (20.IV), montrent la variation de la stabilité Marshall, en fonction du pourcentage du caoutchouc rajouté, pour chaque formulation.

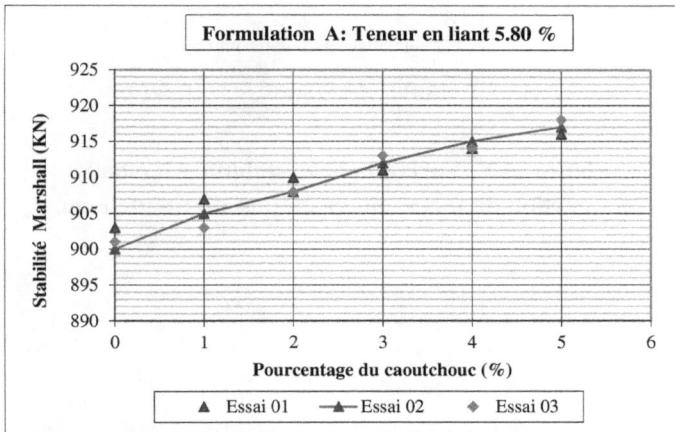

**Figure 17.V. Variation de la stabilité Marshall,
en fonction du pourcentage d'ajout du caoutchouc.**

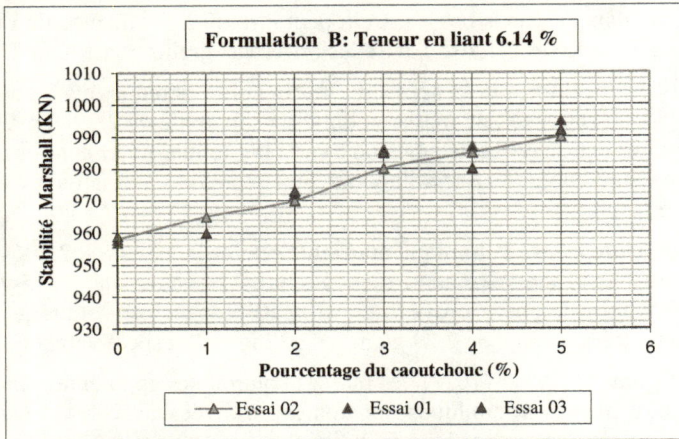

**Figure 18.V. Variation de la stabilité Marshall,
en fonction du pourcentage d'ajout du caoutchouc.**

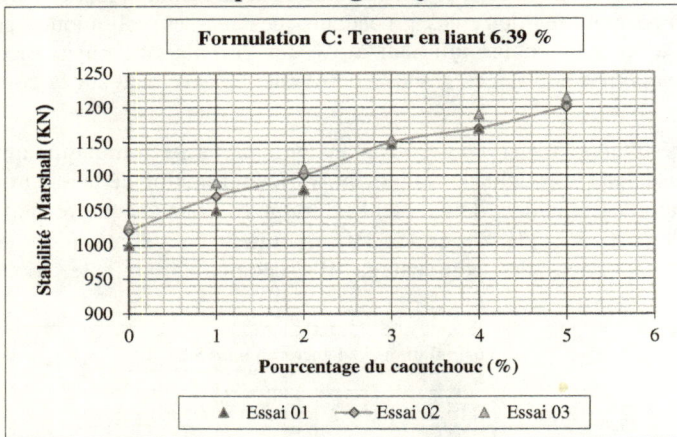

**Figure 19.V. Variation de la stabilité Marshall,
en fonction du pourcentage d'ajout du caoutchouc.**

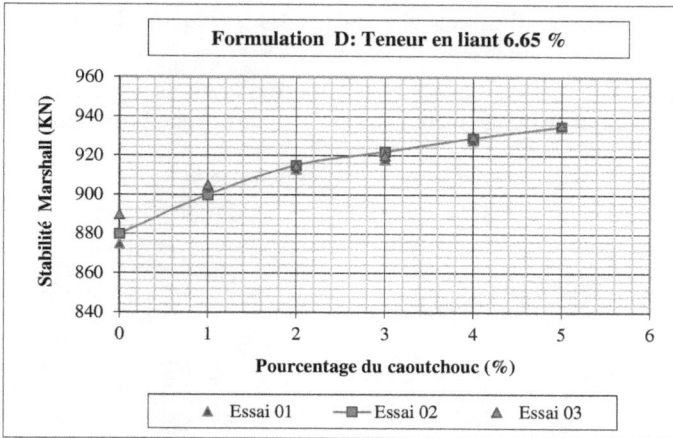

Figure 20.V. Variation de la stabilité Marshall,
en fonction du pourcentage d'ajout du caoutchouc.

Les figures (17.V), (18.V), (19.V) et (20.V), montrent que la variation de la stabilité Marshall, est fonction de la teneur en liant et du pourcentage d'ajout du caoutchouc.

Selon la figure (17.V), la valeur de la stabilité obtenue avec la première formulation, à une teneur en liant de 5.80% est 900 KN, à l'état naturel. Cette stabilité s'améliore davantage est atteint la valeur la plus élevée 917 KN avec un ajout optimum de 5% d'ajout de caoutchouc.

Avec une teneur en liant de 6.14%, la valeur de la stabilité s'améliore sans ajout (c'est-à-dire variation de la teneur en liant uniquement) et atteint la valeur de 958 KN. En variant aussi le pourcentage du caoutchouc, on constate que la stabilité s'améliore légèrement avec les différents ajouts et atteint la valeur de 990 KN à 5% d'ajout de caoutchouc.

Selon la formulation C (avec une teneur en liant de 6.39%), la stabilité Marshall atteint la valeur la plus élevée (1020 KN) sans ajout (à l'état naturel), avec un ajout de caoutchouc optimum de 5%, la stabilité atteint la valeur de 1200 KN. Cette valeur est la plus élevée comparativement aux valeurs obtenues avec les autres formulations.

En se référant à la figure (20.V), on constate que la stabilité Marshall diminue et atteint la valeur de 880 KN, à une teneur en liant de 6.65%.Cette valeur est inferieure comparativement à la valeur obtenue selon la formule C. Cela peut être dû à l'excès de bitume, qui à influencé sur la stabilité et la résistance du matériau traité. L'ajout des différents pourcentages des granulats de caoutchouc améliore la stabilité Marshall et atteint les valeurs 929 KN et 935 KN à 4% et 5% d'ajouts respectivement.

Ces résultats montrent, l'influence positive des granulats de caoutchouc sur la résistance du béton bitumineux.

Les figures (21.V), (22.V), (23.V) et (24.V), montrent la variation du fluage, en fonction du pourcentage du caoutchouc rajouté, pour chaque formulation.

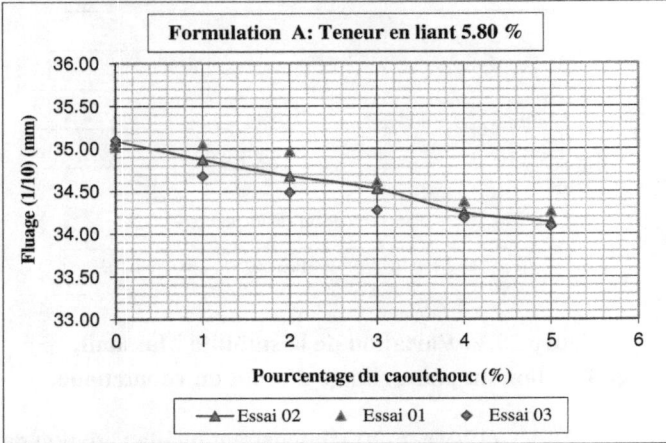

**Figure 21.V. Variation du fluage,
en fonction du pourcentage d'ajout du caoutchouc.**

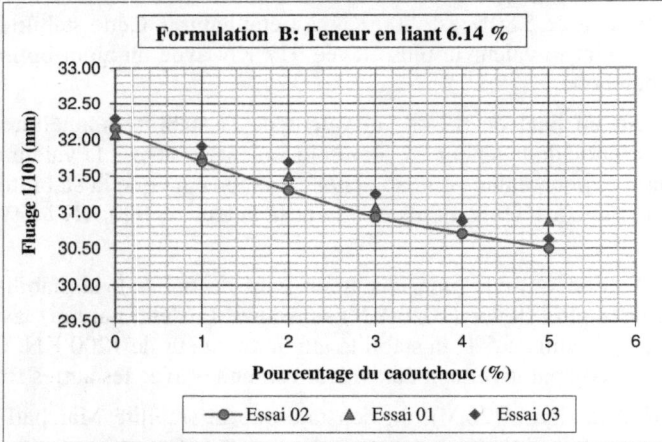

**Figure 22.V. Variation du fluage,
en fonction du pourcentage d'ajout du caoutchouc.**

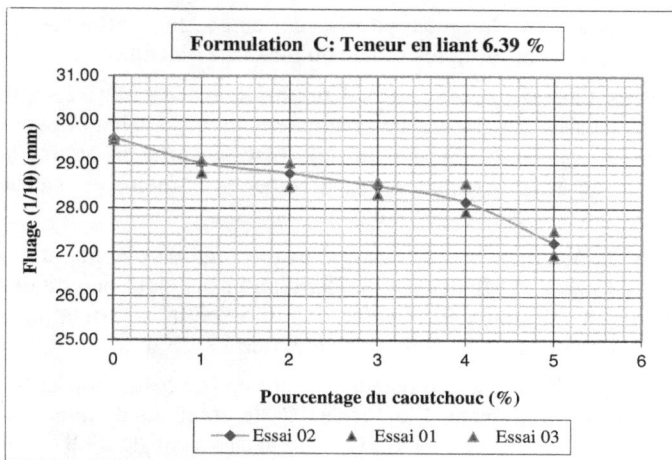

**Figure 23.V. Variation du fluage,
en fonction du pourcentage d'ajout du caoutchouc.**

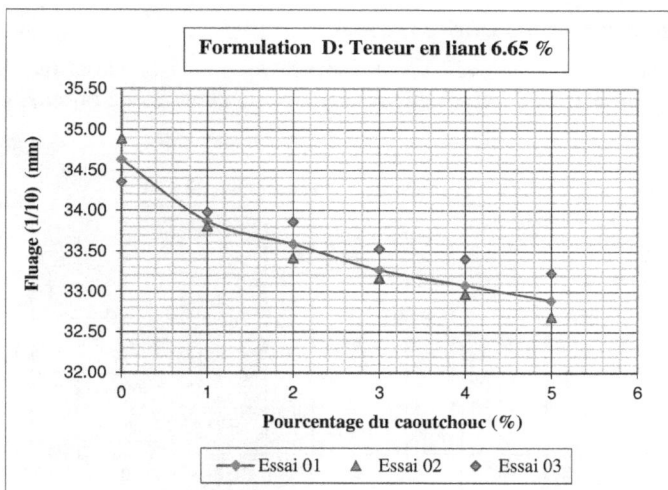

**Figure 24.V. Variation du fluage,
en fonction du pourcentage d'ajout du caoutchouc.**

D'après la figure (21.V), à une teneur en liant de 5.80%, la valeur du fluage est de 35.09 mm, sans ajout de granulats de pneus broyés. Cette valeur diminue dès le premier ajout et atteint la valeur de 34.87 mm. Cette déformation verticale continue à diminuer pour atteindre les valeurs de 34.25 mm et 34.14 mm avec les ajouts de 4%

et 5% respectivement. Cela nous permet de constater l'influence positive des granulats de pneus broyés sur la résistance du matériau obtenu.

À une teneur en liant de 6.14%, la valeur du fluage est de 32.15 mm à l'état naturel. Cette valeur est inferieure comparativement à la valeur obtenue dans la première formulation. À 1% d'ajout, la déformation verticale atteint la valeur de 31.70 mm. Cette dernière diminue progressivement et atteint les valeurs de 30.70 mm et 30.50 mm à 4% et 5% respectivement.

Selon la figure (23.V), nous constatons que la formulation obtenue à une teneur en liant de 6.39%, la valeur du fluage est de 29.59 mm sans ajout de granulats de pneus broyés. L'ajout des différents pourcentages influe sur la déformation verticale du matériau. À 5% d'ajout, le fluage atteint la valeur de 27 .23 mm.

La valeur du fluage obtenue à une teneur en liant de 6.65%, selon la figure (24.V), est de 34.63 mm sans traitement. L'ajout de 1% de granulats de pneus broyés influe sur la déformation verticale du matériau et atteint la valeur de 33.87 mm. La valeur de fluage est de 33.08 mm et 32.89 mm à 4% et 5% d'ajout respectivement.

D'après les résultats obtenus, nous constatons que, la résistance au fluage, varie en fonction de la teneur en liant, du pourcentage du caoutchouc ajouté et en fonction de la stabilité du matériau traité.

V.3.2. Résultats des essais Duriez normal

Les figures (25.V), (26.V), (27.V) et (28.V), montrent la variation de la masse volumique apparente, en fonction du pourcentage du caoutchouc rajouté, pour chaque formulation.

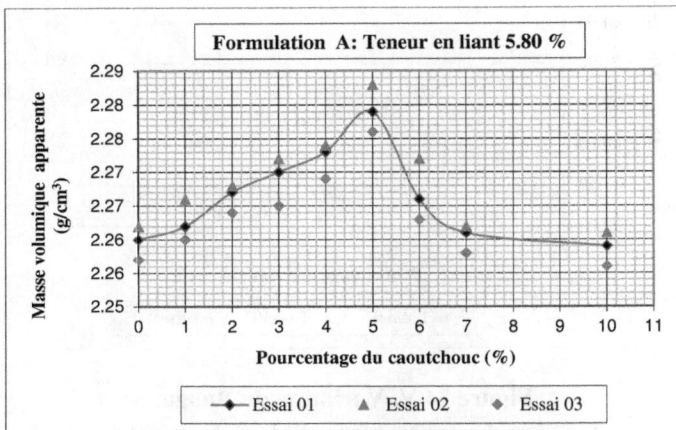

Figure 25.V. Variation de la masse volumique apparente, en fonction du pourcentage d'ajout du caoutchouc.

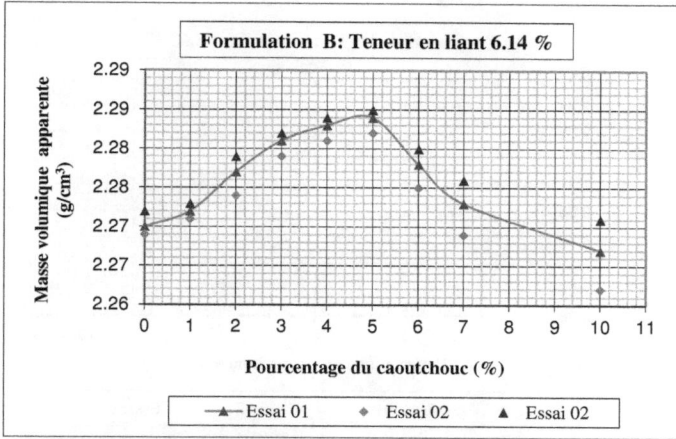

**Figure 26.V. Variation de la masse volumique apparente,
en fonction du pourcentage d'ajout du caoutchouc.**

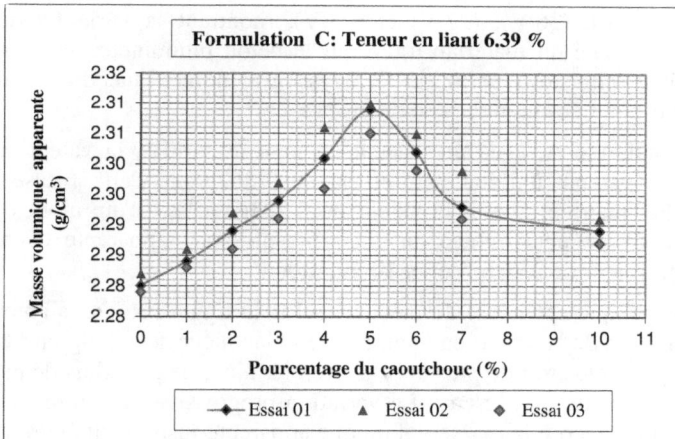

**Figure 27.V. Variation de la masse volumique apparente,
en fonction du pourcentage d'ajout du caoutchouc.**

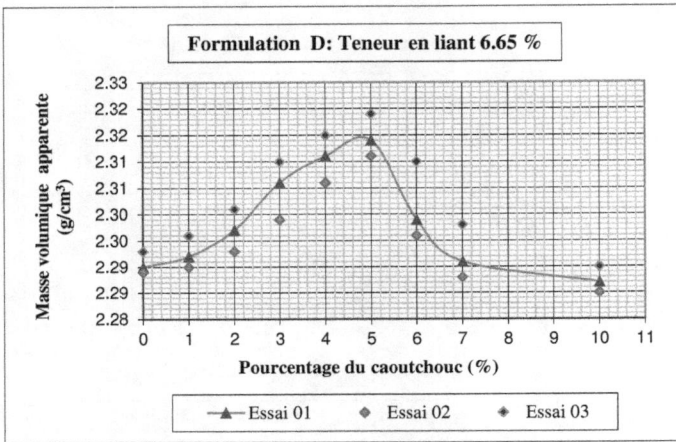

**Figure 28.V. Variation de la masse volumique apparente,
en fonction du pourcentage d'ajout du caoutchouc.**

Les figures (25.V), (26.V), (27.V) et (28.V), montrent la variation de la masse volumique apparente du matériau traité qui le béton bitumineux, en fonction de la teneur en liant, choisie à partir de l'analyse granulométrique du mélange, et du pourcentage d'ajout des granulats de pneus broyés.

Selon la formulation A, avec une teneur en liant de 5.80%, la valeur de la masse volumique apparente à l'état naturel est de 2.262g/cm³. Cette masse volumique s'améliore davantage et atteint la valeur de 2.283g/cm³ avec un ajout optimum de 5%. Au-delà de ce pourcentage, la masse volumique apparente décroit jusqu'à atteindre une valeur de 2.261g/cm³ à 10% d'ajout.

La masse volumique apparente du mélange selon la figure (26.V), s'améliore dès la première variation de la teneur en liant, et atteint la valeur de 2.269g/cm³. Cette masse volumique apparente croit de plus avec le premier ajout de granulats de pneus broyés et atteint la valeur de 2.271g/cm³. La variation progressive des autres pourcentages d'ajout, améliore encore la masse volumique apparente jusqu'à atteindre la valeur de 2.282g/cm³ à 5% d'ajout, puis elle décroit avec les autres ajouts supérieurs à 5%.

Les figures (27.V) et (28.V), montrent le même principe de la variation de la masse volumique apparente en fonction de la teneur en liant et du pourcentage d'ajout.

Les valeurs de la masse volumique apparente obtenues, avec les deux formulations C et D sans ajout, sont respectivement 2.282g/cm³ et 2.289g/cm³. D'après ces deux valeurs, on peut constater que la teneur en liant influe sur la densité apparente, d'une part. L'ajout des différents pourcentages d'ajouts jusqu'à 5%, permet d'améliorer de plus la masse volumique apparente, d'autre part, pour atteindre les valeurs de 2.31g/cm³ et 2.311g/cm³ respectivement.

D'une manière générale, nous constatons que, l'ajout des différents pourcentages inferieures à 5% de granulats de caoutchouc, influe positivement sur la masse volumique apparente et la compacité du mélange traité (granulats + liant).

Les figures (29.V), (30.V), (31.V) et (32.V), montrent la variation de la résistance à la compression à l'air à 18°C, en fonction du pourcentage du caoutchouc rajouté, pour chaque formulation.

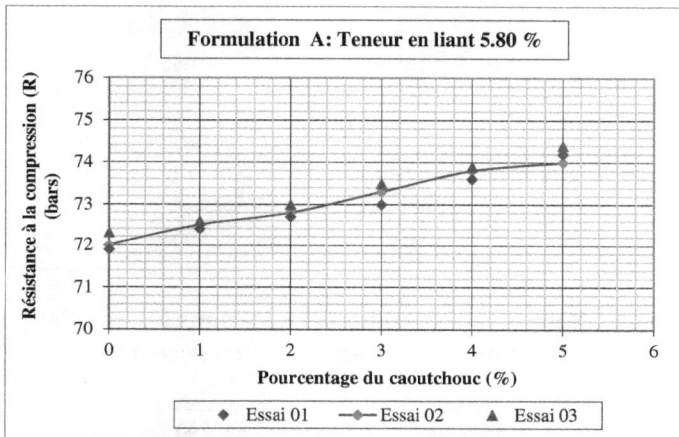

Figure (29.V). Variation de la résistance à la compression à l'air à 18°C, en fonction du pourcentage d'ajout du caoutchouc.

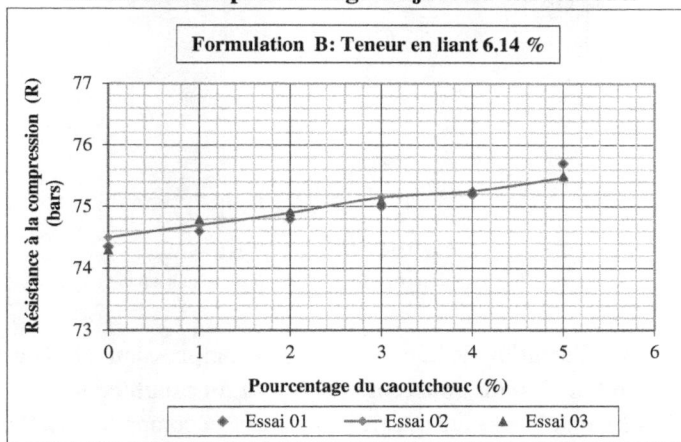

Figure (30.V). Variation de la résistance à la compression à l'air à 18°C, en fonction du pourcentage d'ajout du caoutchouc.

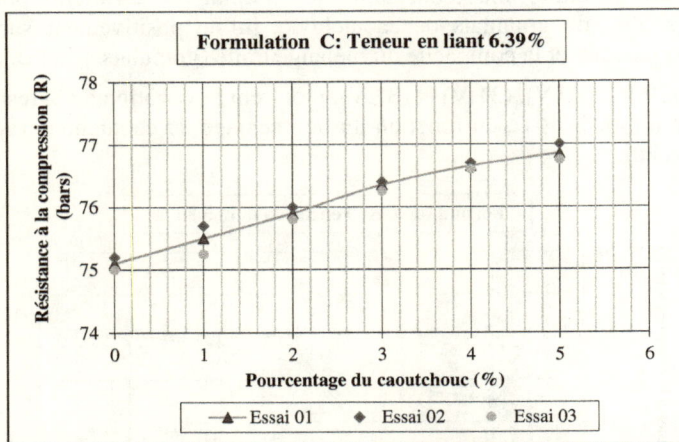

Figure (31.V). Variation de la résistance à la compression à l'air à 18°C, en fonction du pourcentage d'ajout du caoutchouc.

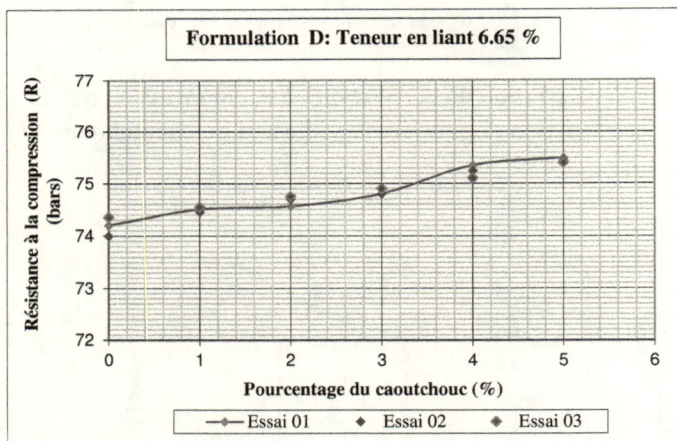

Figure (32.V). Variation de la résistance à la compression à l'air à 18°C, en fonction du pourcentage d'ajout du caoutchouc.

Selon la figure (29.V), on constate que la résistance à la compression à l'air (à 18°C) est de 72 bars. Cette valeur s'améliore dès le premier pourcentage d'ajout de caoutchouc (1%) et atteint la valeur de 72.50 bars. Elle s'améliore davantage jusqu'à atteindre la valeur limite de 74.00 bars à 5% d'ajout.

Les   figures (30.V) et (31.V), montrent le même principe de la variation de la résistance à la compression en fonction de la teneur en liant et du pourcentage d'ajout du caoutchouc.

Les valeurs de la résistance à la compression obtenues, avec les deux formulations B et C sans ajout, sont respectivement 74.50 bars et 75.10 bars. La variation progressive des autres pourcentages d'ajout du caoutchouc, améliore encore la résistance à la compression du matériau traité jusqu'à atteindre les valeurs de 75.47 bars et 76.85 bars respectivement à 5% d'ajout.

La résistance à la compression diminue à une teneur en liant de 6.65% et atteint la valeur de 74.20 bars à l'état naturel (sans ajout). L'introduction des différents pourcentages de granulats de caoutchouc améliore la résistance à la compression du matériau à 18°C. Elle passe de la valeur de 74.50 bars à 75.50 bars pour les ajouts de 1% et 5% de granulats de caoutchouc respectivement. D'après ces résultats, on constate que les granulats de caoutchouc influent positivement sur la résistance à la compression à 18°C du béton bitumineux, utilisé comme couche de surface d'une chaussée souple.

Les figures (33.V), (34.V), (35.V) et (36.V), montrent la variation de la résistance à la compression en immersion à 18°C, en fonction du pourcentage du caoutchouc rajouté, pour chaque formulation.

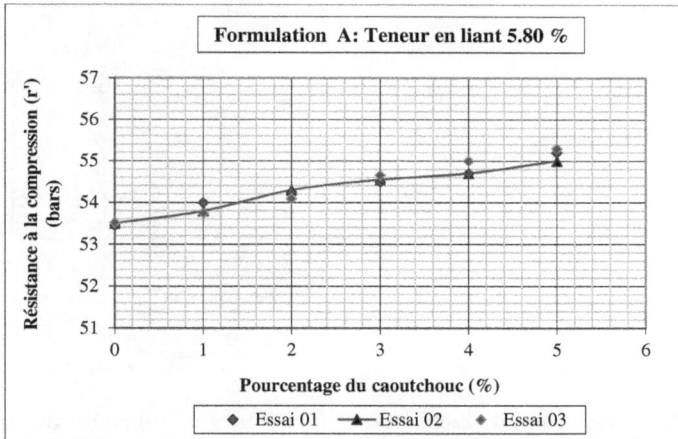

Figure (33.V). Variation de la résistance à la compression en immersion à 18°C, en fonction du pourcentage d'ajout du caoutchouc.

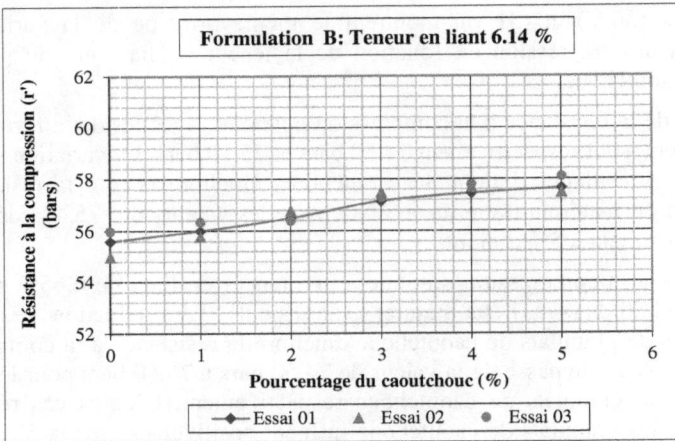

Figure (34.V). Variation de la résistance à la compression en immersion à 18°C, en fonction du pourcentage d'ajout du caoutchouc.

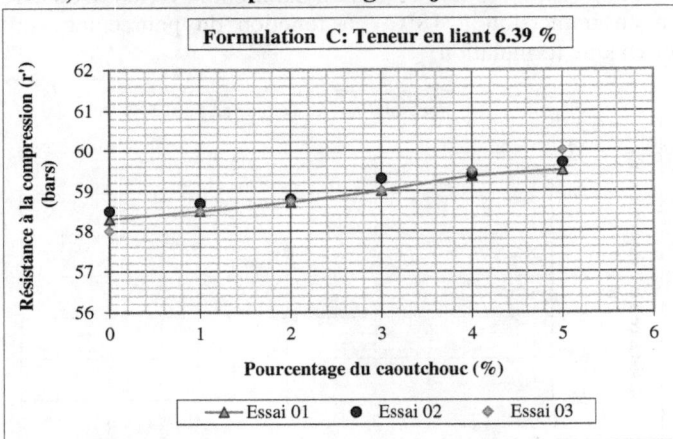

Figure (35.V). Variation de la résistance à la compression en immersion à 18°C, en fonction du pourcentage d'ajout du caoutchouc.

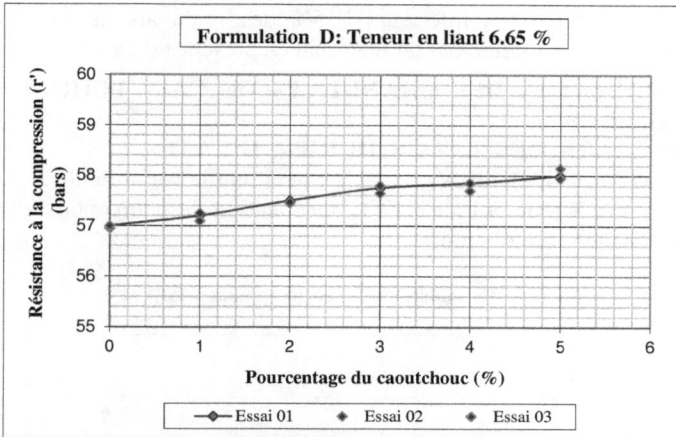

Figure (36.V). Variation de la résistance à la compression en immersion à 18°C, en fonction du pourcentage d'ajout du caoutchouc.

D'après les résultats obtenus selon les figures (33.V), (34.V), (35.V) et (36.V), la variation de la résistance à la compression en immersion à 18°C, varie en fonction de la teneur en liant et du pourcentage d'ajout des granulats de caoutchouc.

Avec une teneur en liant de 5.80%, la valeur de la résistance à la compression est de 53.50 bars à 18°c en immersion sans ajout. Elle passe de la valeur 53.80 bars avec 1% d'ajout de granulats de caoutchouc à la valeur optimale de 55.00 bars à 5% d'ajout. Cela peut être dû au rôle des granulats de caoutchouc de réduire la sensibilité du matériau traité en présence d'eau.

Selon la figure (34.V), à une teneur en liant de 6.14%, la résistance à la compression passe de la valeur 55.60 bars à l'état naturel à une valeur de 56.00 bars avec 1% d'ajout de caoutchouc. Cette résistance s'améliore davantage et atteint les valeurs 57.45 bars et 57.65 bars avec les pourcentages 4% et 5% respectivement.

La résistance à la compression à 18°C en immersion s'améliore jusqu'à atteindre la valeur maximale de 58.30 bars avec une teneur en liant de 6.39%. L'ajout progressif des différents pourcentages d'ajouts de granulats de caoutchouc, améliore sensiblement la résistance à la compression du matériau traité et atteint la valeur optimale 59.50 bars.

La résistance à la compression du matériau traité diminue à une teneur en liant de 6.65% et atteint la valeur de 57 bars. L'ajout de 5% de granulats de caoutchouc améliore cette résistance jusqu'à atteindre une valeur de 58 bars.

D'après les résultats obtenus, on constate que la résistance à la compression en immersion à 18°C du matériau traité, est inférieure à celle obtenue à l'état sec, pour les différents états. Cela peut être dû à la sensibilité à l'eau du matériau traité. L'ajout des différents pourcentages inferieurs à 5% des granulats de caoutchouc influe positivement sur le comportement du matériau en présence d'eau.

V.4. INTRODUCTION DES GRANULATS DE CAOUTCHOUC DANS LA COUCHE DE BASE

V.4.1. RESULTATS DES ESSAIS DURIEZ DILATE

Les figures (37.V), (38.V), (39.V) et (40.V), montrent la variation de la résistance à la compression après 7 jours à l'air à 18°C, en fonction du pourcentage du caoutchouc rajouté, pour chaque formulation.

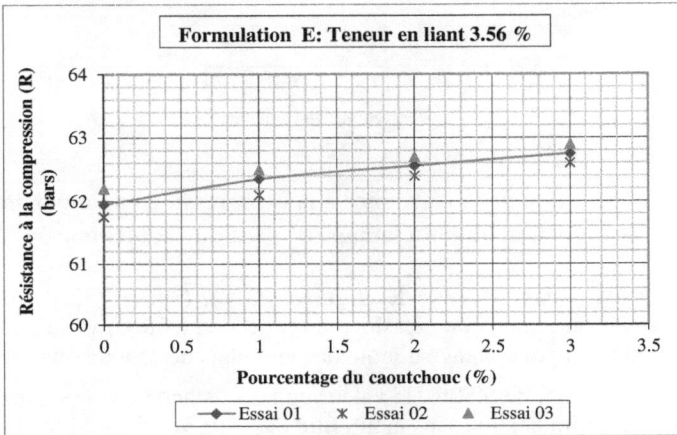

Figure (37.V). Variation de la résistance à la compression à l'air à 18°C, en fonction du pourcentage d'ajout du caoutchouc.

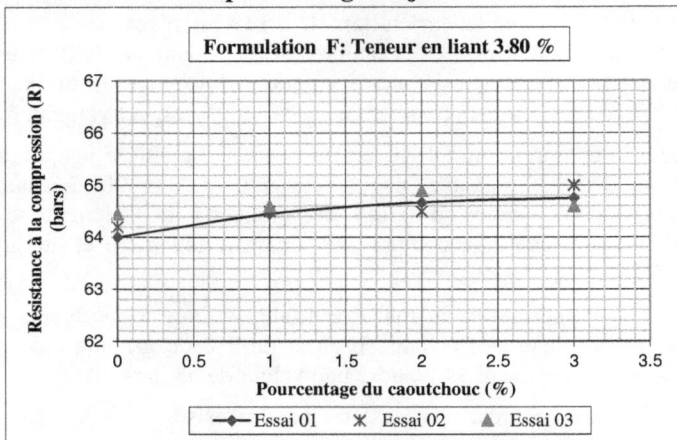

Figure (38.V). Variation de la résistance à la compression à l'air à 18°C, en fonction du pourcentage d'ajout du caoutchouc.

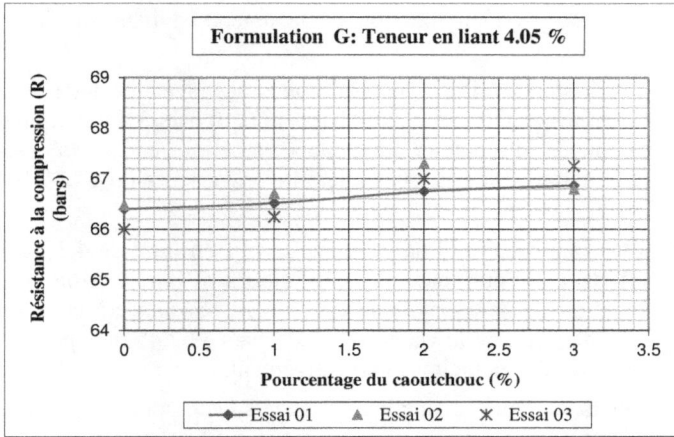

Figure (39.V). Variation de la résistance à la compression à l'air à 18°C, en fonction du pourcentage d'ajout du caoutchouc.

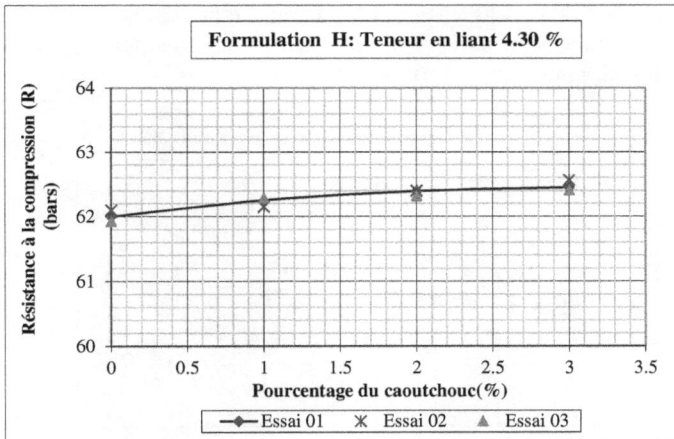

Figure (40.V). Variation de la résistance à la compression à l'air à 18°C, en fonction du pourcentage d'ajout du caoutchouc.

Selon la figure (47.V), avec une teneur en liant de 3.56 %, la résistance à la compression à l'air (à 18°C) après 7 jours de conservations des éprouvettes, est de 61.95 bars. Cette valeur s'améliore dès le premier pourcentage d'ajout de caoutchouc et atteint la valeur de 62.35 bars. Elle s'améliore davantage jusqu'à atteindre la valeur limite de 62.75 bars à 3% d'ajout.

Les figures (38.V) et (39.V), montrent le même principe de la variation de la résistance à la compression en fonction de la teneur en liant et du pourcentage d'ajout du caoutchouc.

Les valeurs de la résistance à la compression obtenues, avec les deux formulations F et G sans ajout, sont respectivement 64.00 bars et 66.40 bars. La variation progressive des autres pourcentages d'ajout du caoutchouc, améliore encore la résistance à la compression du matériau traité jusqu'à atteindre les valeurs de 64.75 bars et 66.87 bars à 3% d'ajout.

La résistance à la compression diminue à une teneur en liant de 4.30% et atteint la valeur de 62.00 bars à l'état naturel (sans ajout). L'introduction des différents pourcentages de granulats de caoutchouc améliore la résistance à la compression du matériau à 18°C. Elle passe de la valeur de 62.25 bars à 62.45 bars pour les ajouts de 1% et 3% de granulats de caoutchouc respectivement.

D'après ces résultats, on constate que la résistance à la compression varie en fonction de la teneur en liant. Cela veut dire que, le matériau utilisé perdre sa résistance à la compression dès que la teneur en liant dépasse la teneur en liant optimale.

Les granulats de caoutchouc influent positivement sur la résistance à la compression, à 18°C de la grave bitume utilisée, comme couche de base d'une chaussée souple.

Les figures (41.V), (42.V), (43.V) et (44.V), montrent la variation de la résistance à la compression en immersion après 7 jours à 18°C, en fonction du pourcentage du caoutchouc rajouté, pour chaque formulation.

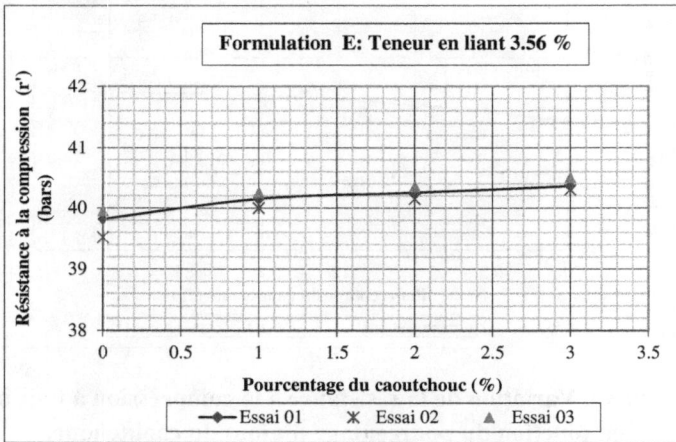

Figure (41.V). Variation de la résistance à la compression en immersion à 18°C, en fonction du pourcentage d'ajout du caoutchouc.

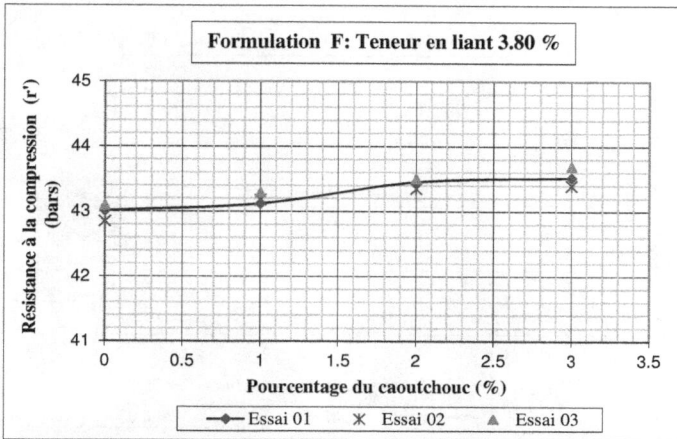

Figure (42.V). Variation de la résistance à la compression en immersion à 18°C, en fonction du pourcentage d'ajout du caoutchouc.

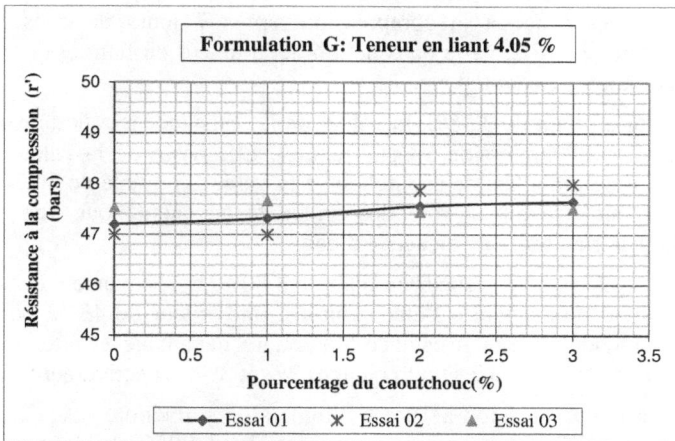

Figure (43.V). Variation de la résistance à la compression en immersion à 18°C, en fonction du pourcentage d'ajout du caoutchouc.

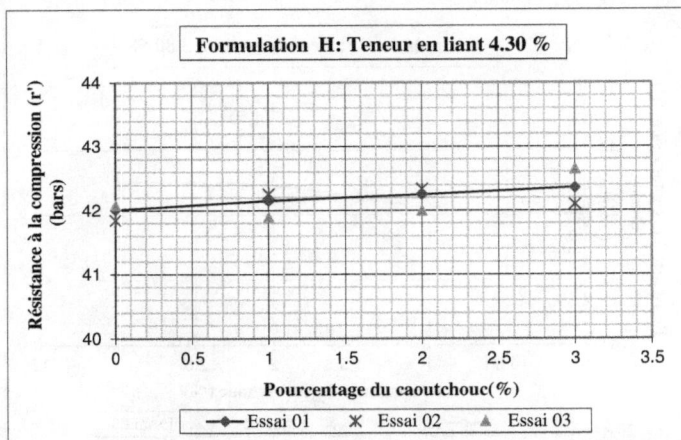

Figure (44.V). Variation de la résistance à la compression en immersion à 18°C, en fonction du pourcentage d'ajout du caoutchouc.

D'après les résultats obtenus selon les figures (41.V), (42.V), (43.V) et (44.V), la variation de la résistance à la compression, après 7 jours de conservation des éprouvettes à l'eau à 18°C, varie en fonction de la teneur en liant et du pourcentage d'ajout des granulats de caoutchouc.

Avec une teneur en liant de 3.56%, la valeur de la résistance à la compression est de 39.82 bars à 18°c en immersion à l'état naturel. Elle passe de la valeur 40.15 bars avec 1% d'ajout de granulats de caoutchouc à la valeur optimale de 40.36 bars à 3% d'ajout. Cela peut être dû au rôle des granulats de caoutchouc de réduire la sensibilité du matériau traité en présence d'eau.

Selon la figure (42.V), à une teneur en liant de 3.80%, la résistance à la compression passe de la valeur 43.01 bars à l'état naturel à une valeur de 43.12 bars avec 1% d'ajout de caoutchouc. Cette résistance s'améliore davantage et atteint les valeurs 43.45 bars et 43.52 bars avec les pourcentages 2% et 3% respectivement.

La résistance à la compression à 18°c en immersion s'améliore jusqu'à atteindre la valeur maximale de 47.20 bars avec une teneur en liant 4.05%. L'ajout progressif des différents pourcentages d'ajouts de granulats de caoutchouc, améliore sensiblement la résistance à la compression du matériau traité et atteint la valeur 47.32 bars dès le premier pourcentage du caoutchouc (1%). La résistance à la compression s'améliore jusqu'à atteindre la valeur maximale de 47.65 bars à 3% d'ajout de granulats de caoutchouc.

La résistance à la compression diminue à une teneur en liant de 4.30% et atteint la valeur de 42.01 bars à l'état naturel (sans ajout). L'introduction des différents pourcentages de granulats de caoutchouc améliore la résistance à la compression du matériau à 18°C. Elle passe de la valeur de 42.15 bars à 42.36 bars pour les ajouts de 1% et 3% de granulats de caoutchouc respectivement.

D'après les résultats obtenus, on constate que la résistance à la compression en immersion à 18°C du matériau traité, est inferieure à celle obtenue à l'état sec, pour les différents états. Cela peut être dû à la sensibilité à l'eau du matériau traité.

L'ajout des différents pourcentages inferieurs à 3% des granulats de caoutchouc influe positivement sur le comportement du matériau en présence d'eau et permet d'avoir des résistances supérieures à celles obtenues sans ajout (à l'état naturel).

V.5. CONCLUSION

Les interprétations présentées dans ce chapitre, montrent des résultats positifs et très satisfaisants, obtenus par des granulats naturels de nature différente , utilisés dans la construction des couches d'une chaussée souple, stabilisés par différents ajouts et soumis sous différentes sollicitations.

Les granulats utilisés dans les couches d'assise (couche de base et couche de fondation), ont présentés des densités sèches et des portances appréciables aux essais Proctor et aux essais C.B.R, notamment par le traitement effectué par ajout de ciment.

L'ajout des granulats de caoutchouc selon différentes teneurs en liant, au mélange granulaire utilisé dans la couche de roulement, a amélioré la stabilité et la résistance des granulats à sec et surtout en présence d'eau.

Néanmoins, il faut signaler l'influence négative de l'ajout d'un pourcentage de granulats de caoutchouc supérieur à 5% (pour la couche de roulement) et à 3% (pour la couche de base), sur la stabilité du mélange.

CONCLUSION GENERALE

Dans cette étude expérimentale, nous avons fixé comme objectif, la réduction de la sensibilité à l'eau des différents matériaux utilisés dans la construction des couches de chaussées souples, pour leur conférer densité et cohésion, par ajout de différents pourcentages de liants (ciment et argile) pour les couches d'assise, et ainsi la réalisation des couches de base et des couches de roulement de qualité, stables et imperméables, par ajout des granulats de caoutchouc, obtenus par broyage de pneus usés.

Les différents granulats utilisés sont soumis aux essais d'identification, ensuite aux essais mécaniques, voire, les essais de compactage (Proctor modifié), les essais de portance (C.B.R), tout en leur incorporant des ajouts de ciment d'argile, les essais de stabilité Marshall et les essais Duriez (normal et dilaté) pour la détermination de la sensibilité à l'eau des mélanges bitumineux, avec ajout de bitume et de granulats de caoutchouc dans le but d'améliorer les caractéristiques physiques et mécaniques.

Les résultats obtenus permettent de conclure ce qui suit :

- Les courbes Proctor obtenues des matériaux étudiés, pour les couches d'assise (couche de base et couche de fondation), sont des courbes plates, c'est-à-dire que la densité sèche maximum varie peu lorsque la teneur en eau varie appréciablement, il ya toujours intérêt, pour arriver à la compacité et à la stabilité maximum, à bien contrôler la teneur en eau.

  Après l'ajout des différents pourcentages de ciment et d'argile, les courbes restent plates pour les premiers pourcentages d'ajouts, mais au-delà de 4%, la courbe devienne légèrement pointue, cela est dû à la sensibilité du matériau traité en présence d'eau.

- Les densités sèches sont améliorées, et les teneurs en eau optimales sont réduites, pour tous les échantillons avec les différents ajouts, de ciment et d'argile. Les résultats obtenus montrent, l'influence positive des différents liants au compactage des granulats utilisés.
- Les résultats obtenus pour la couche de base sont supérieurs à ceux obtenus pour la couche de fondation, cela peut être dû à la nature différente des matériaux utilisés pour les deux couches, qui a influencé sur le comportement des granulats au compactage.
- Le matériau utilisé pour la couche de base est une grave concassée, la forme des granulats facilite le compactage, la structure du matériau devienne plus dense, ce qui conduit à un indice de vides petit. Contrairement à la couche de fondation, où le matériau est un tout venant d'Oued, les granulats sont de type roulé, difficiles à être compactés et la densité reste inférieure au concassé.
- Les différents granulats utilisés après traitement présentent des résultats satisfaisants aux essais C.B.R (I.P.I et $C.B.R_{imm}$). Les deux indices C.B.R obtenus pour les mélanges, sont supérieurs à ceux obtenus à l'état naturel (sans ajout).

- Les granulats utilisés avec ou sans ajout présentent des gonflements très faibles après immersion de quatre jours dans l'eau, qui peuvent être considérés comme nuls. Cela traduit la stabilité de ces matériaux après leur mise en service même en présence d'eau.

- D'après les résultats de stabilité Marshall obtenus pour la couche de roulement à l'état naturel (sans ajout), on constate que la teneur en bitume influe considérablement sur la résistance du mélange bitumineux.

- Lorsque la teneur en liant croit à partir d'une valeur faible, les vides sont mieux remplis, et l'effet de lubrification conduit à une meilleure mise en place des granulats ; mais si la teneur en liant continue à croître au-delà d'une certaine limite, les éléments ont tendance à glisser les uns sur les autres, et la résistance se met à décroitre.

- Une majoration de la teneur en bitume a pour effet immédiat, comme les fines, d'accroître la compacité et la résistance de l'enrobé par augmentation de l'effet de lubrification des granulats et par le remplissage des vides.

- De même, à partir d'une basse teneur en bitume les résistances mécaniques à la compression croissent avec l'augmentation de la teneur en bitume, mais, au-delà d'un certain pourcentage, on assiste à une chute de résistances mécaniques par déformabilité excessive, lorsque la teneur en vides devient très faible. Le dosage optimum est très difficile à obtenir, car il doit tenir compte des granulats et surtout de l'épaisseur de l'enrobé.

- L'ajout des différents pourcentages de granulats de caoutchouc, influe positivement sur la résistance du mélange bitumineux. La stabilité Marshall atteint la valeur limite avec 5% d'ajout de granulats de caoutchouc, mais au-delà de cette valeur, la résistance du matériau traité (béton bitumineux) décroit et le matériau continue à se déformer d'une manière continue (pas de limite). Cela est dû à l'effet du bitume et les granulats de caoutchouc, sur la résistance et la déformabilité de l'enrobé.

- Le fluage, varie en fonction de la teneur en liant, du pourcentage du caoutchouc ajouté et en fonction de la stabilité du matériau traité.

- La résistance à la compression de la couche de roulement, atteint la valeur limite avec 5% d'ajout de granulats de caoutchouc, au-delà de ce pourcentage, la résistance à la compression diminue avec une valeur supérieure à la teneur en liant optimale. Cela est dû à l'effet du bitume sur le comportement des granulats de caoutchouc à sec et en présence d'eau et sur la résistance à la compression du mélange bitumineux étudié.

- La résistance à la compression pour la couche de base (grave bitume), à l'état naturel (sans ajout), croit avec la teneur en liant, en effet un excès de liant entraine une chute de résistance à la compression. Il y a là un effet analogue à celui constaté dans l'essai Proctor (avec l'eau) et dans l'essai Marshall (avec le bitume) : lorsque la teneur en liant croît à partir d'une valeur faible, les vides sont mieux remplis et la résistance croît d'une manière continue avec la teneur en liant, jusqu'à atteindre une valeur limite. Au-delà de cette valeur limite la résistance à la compression décroît.

- L'ajout des différents pourcentages de granulats de caoutchouc, influe positivement sur la résistance à la compression du mélange bitumineux de la couche de base (grave bitume) et sa tenue à l'eau.

  La résistance à la compression pour les deux états (sec et en présence d'eau), atteint la valeur limite à 3% d'ajout de granulats de caoutchouc avec un pourcentage optimum de la teneur en liant. Au-delà de ces deux cas extrêmes, la résistance à la compression diminue d'une manière continue.

Enfin, la caractérisation du mélange bitumineux avec ajout de granulats de caoutchouc recyclé a permis de mettre en évidence qu'ils ne peuvent pas être considérés comme résidus dans les décharges, nettement après le traitement effectué avec les différentes teneurs en liant, pour la couche de roulement et la couche de base, qui a permis d'obtenir des améliorations notables au niveau de la stabilité, de la compacité et de la tenue à l'eau.

Bien que ces matériaux présentent certains résultats satisfaisants sous les essais réalisés, néanmoins, cette étude reste restreinte pour confirmer l'utilisation des granulats de caoutchouc dans les différentes couches d'une chaussée souple. Elle doit être complétée par d'autres essais en prenant en compte la variation d'autres paramètres et d'autres sollicitations pour mieux connaître leur comportement.

En perspectives, il est souhaitable que le recyclage des pneus usés soit un domaine ouvert à l'innovation. Il est ainsi intéressant, d'associer les universitaires et les entreprises pour élargir de plus en plus l'emploi de ce matériau en construction routière.

REFERENCES
BIBLIOGRAPHIQUES

[1] : [AFNOR, 1992], " Essais statiques sur mélanges hydrocarbonés, Partie 2 : Essai MARSHALL sur mélanges hydrocarbonés à chaud", avril 1992.

[2] : [AFNOR, 2002], " Essais statiques sur mélanges hydrocarbonés, Partie 1 : Essai DURIEZ sur mélanges hydrocarbonés à chaud", septembre 2002.

[3] : [Arquie, 1972]-Georges Arquie, " Le compactage, route et piste d'envol", 2ème édition, Eyrolles, 1972.

[4] : [Arquie et Morel, 1988]- Georges Arquie et Guy Morel, " Le compactage ", édition Eyrolles, 1988.

[5] : [Bertrand, 2004]- Bertrand Pouteau, " Durabilité mécanique du collage blanc sur noir dans les chaussées", Thèse de Doctorat à l'école nationale des ponts et chaussées, 3decembre 2004.

[6] : [Bonnot, 1983]- Bonnot Jacques " Mécanique des chaussées : son évolution, ses préoccupations actuelles", Bulletin de liaison des laboratoires des ponts et chaussées, 1983.

[7] : [Brunel, 2004-2005]- Hervé Brunel, " Cours de route", département de génie civil IUT Bourges, université d'Orléans, année universitaire, 2004-2005.

[8] : [CEN, 2003]- Comité Européen de Normalisation, "Norme Européenne EN 13286-47 :
Mélanges traités et mélanges non traités aux liants hydrauliques - partie 47 : Méthode d'essai pour la détermination de l'indice portant Californien (CBR), de l'indice de portance immédiate (IPI) et du gonflement", version française, 3 novembre 2003.

[9] : [Coquand, 1978]- Roger Coquand, "Routes (Circulation – Tracé - Construction)", livre II
" Construction et Entretien", 6ème édition, Eyrolles, 1978.

[10] : [Correa et Quibel, 2000]- A. Gomes Correa et A. Quibel, "Le compactage des sols et des matériaux granulaires", modélisation et propriété des matériaux compactés, gestion du compactage et contrôle en continu, Ecole nationale des ponts et chaussées, mai 2000.

[11] : [**Costet et Sanglerat, 1981**]-Jean Costet et Guy Sanglerat, "Cours pratiques de mécanique des sols ", plasticité et calcul des tassements, 3ème Edition, Dunod, janvier 1981.

[12] : [**Craminot, 2006**]- Lycée Pierre Craminot, "Savoirs Technologiques Associés", Cours de laboratoire de génie civil partie 06, Les sols, (essai CBR), Egletons, France, 2006.

[13] : [**Degoute et Royet**]- Gérard Degoute et Paul Royet, "Aide-mémoire de mécanique des sols", édition Engref, mai 2005.

[14] : [**Denis, 1999**]- Denis François, "Retour d'expérience en construction routière : évaluation du comportement environnemental et mécanique de MIOM (Mâchefers d'Incinération d'Ordures Ménagères), dans les chaussées sous trafic ", LCPC 1999.

[15] : [**Directive pour la réalisation des couches de surface de chaussées en béton bitumineux**]- Service d'Etudes Techniques des Routes et Autoroutes (SETRA), Laboratoire Central des Ponts et Chaussées (LCPC), septembre 1969.

[16] : [**Directive pour la réalisation des assises de chaussées en graves-bitume et sables-bitume**]- Service d'Etudes Techniques des Routes et Autoroutes (SETRA), Laboratoire Central des Ponts et Chaussées (LCPC), septembre 1972.

[17] : [**Directive pour la réalisation des assises de chaussées en graves-ciment**]- Service d'Etudes Techniques des Routes et Autoroutes (SETRA), Laboratoire Central des Ponts et Chaussées (LCPC), février 1969.

[18] : [**Dupain, Lanchant et Saint-Arroman, 2000**]- R. Dupain, R. Lanchon, J.C. Saint Arroman, "granulats, sols, ciments et bétons", caractérisations des matériaux de génie civil par les essais de laboratoire ,2ème édition, Casteilla, 2000.

[19] : [**Faure, 1998**]- Michel Fauré, " Routes", cours de l'ENTPE, Tome I, édition Aléas, octobre 1997.

[20] : [**Faure, 1998**]- Michel Fauré, " Routes", cours de l'ENTPE, Tome II, édition Aléas, juin 1998.

[21] : [**Fumet, 1957**]- P. Fumet, " Problèmes de construction des corps de chaussées", Laboratoire Central des Ponts et Chaussées (LCPC), Division d'Algérie, juillet 1957.

[22] : [**Gagnon, 1982**]- Luc Gagnon, "Techniques routières", Modulo éditeur, 1982.

[23] : [**Guide, 2004**]- Centre de recherches routières, "Amélioration des sols pour terrassements et fond de coffres", Guide pratique, Bruxelle-Capitale, 2004.

[24] : **[Hotlz et Kovascs, 1991]**- Robertd Holtz et williamd Kovascs, "Introduction à la géotechnique", traduit par Jean Lafleur, Editions de L'Ecole Polytechnique de Monteréal, 1991.

[25] : **[Jeuffroy, 1974]**- Georges Jeuffroy, "Conception et construction des chaussées", Tome I "les véhicules, les sols, le calcul des structures",3ème édition, Eyrolles, 1974.

[26] : **[Jeuffroy, 1974]**- Georges Jeuffroy, "Conception et construction des chaussées", Tome II "les matériaux, les matériels, les techniques d'exécution des travaux",3ème édition, Eyrolles, 1974.

[27] : **[Jeuffroy, Sauterey, 1985]**- Georges Jeuffroy, Raymond Sauterey "Assises de chaussées", Département Edition de l'Association Amicale des Ingénieurs Anciens Elèves de l'Ecole Nationale des ponts et Chaussées, 1985.

[28] : **[Jeuffroy, Sauterey, 1985]**- Georges Jeuffroy, Raymond Sauterey "Couches de roulement", Département Edition de l'Association Amicale des Ingénieurs Anciens Elèves de l'Ecole Nationale des ponts et Chaussées, 1985.

[29] : **[LCPC, 2000]**- LCPC, "Réalisation des remblais et des couches de forme", Guide technique fascicules I et II 2ème édition, juillet 2000.

[30] : **[LCPC 19, 1987]**- LCPC, "Limites d'Atterberg", (limite de liquidité, limite de plasticité), méthode d'essai LCPC n° 19, février 1987.

[31] : **[Leonards, 1968]**- G.A. Leonards, "Les fondations", traduit par un groupe d'ingénieurs des laboratoires des ponts et chaussées, Edition Dunod, 1968.

[32] : **[Lérau, 2006]**- Jacques Lérau, "Cours de géotechnique", Institut National des Sciences appliquées de Toulouse, avril 2006.

[33] : **[Manuel d'identification des dégradations des chaussées flexibles, 2002]**- Association des ingénieurs municipaux du Québec, 2002.

[34] : **[Mermoud, 2006]**- A. Mermoud, "Propriétés de base du sol et de la phase liquide", Cours de physique du sol, Ecole Polytechnique de Lausanne, janvier 2006.

[35] : **[Merrien, Amitrano et Piguet, 2005]**- V. Merrien-Soukatchoff, D. Amitrano et J.P.Piguet, "Elément de géotechnique", département sciences de la terre et environnement, Ecole des mines de Nancy, mai 2005.

[36] : **[Observatoire des techniques de chaussées]**, dossier thématique / Service d'études techniques des routes et autoroutes – Bagneux : S.E.T.R.A, Décembre 1993.

[37] : [Odier, Millard, Pimentel et Mehra, 1968]- L.Odier, R.S. Millard, Pimentel dos Santos, S.R. Mehra, "Routes dans les pays en voie de développement : Conception-Construction-Entretien", Editions Eyrolles, 2ème édition, 1968.

[38] : [TRAN, 2004]- Quang Dat Tran, "Modèle simplifié pour les chaussées fissurées multicouches", Thèse de Doctorat à l'école nationale des ponts et chaussées, 30 septembre 2004.

[39] : [Robitaille et Tremblay, 1997]- Vaincent Robitaille et Denis Tremblay, "Mécanique des sols, Théorie et pratique", Modulo éditeur, 1997.

[40] : [Tristan]- Tristan Larino, "Autopsie d'une chaussée", Laboratoire Central des Ponts et Chaussées, Division ESAR, section AGR.

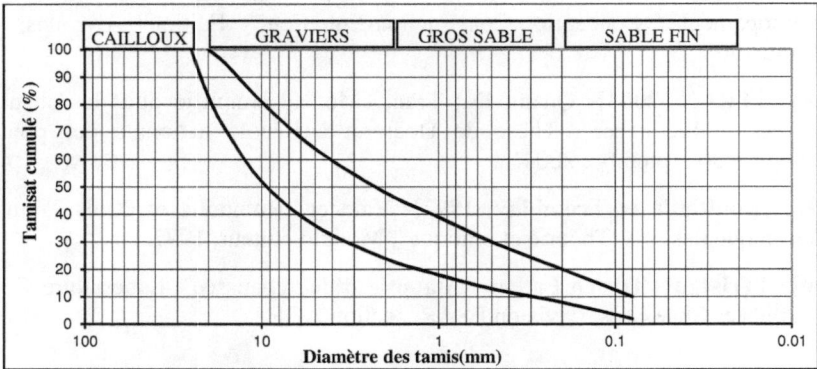

Figure 1.AI. Fuseau de courbes types.

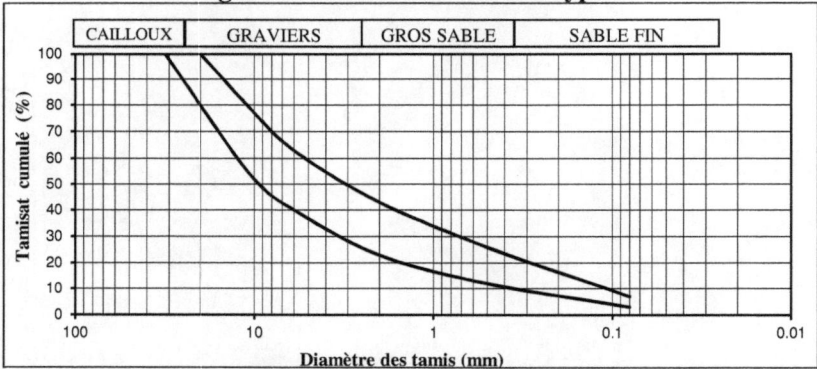

Figure 2.AI. Fuseau granulométrique - grave ciment (0/20) mm -

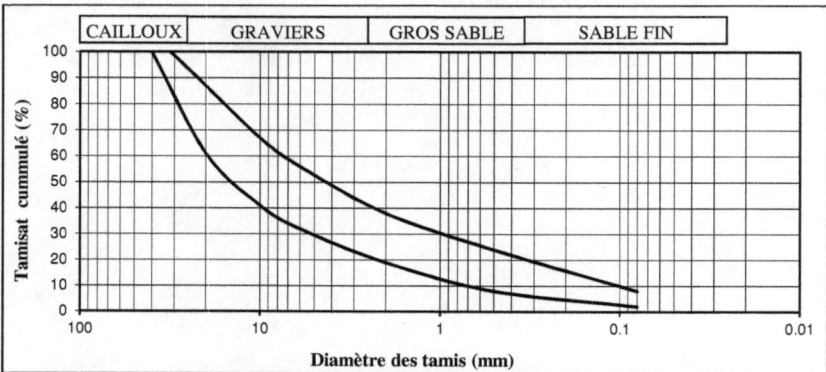

Figure 3.AI. Fuseau granulométrique - grave ciment (0/31.5) mm-

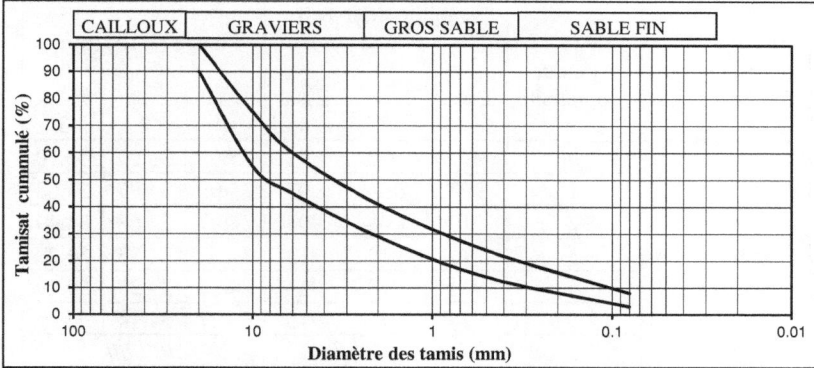

Figure 4.AI. Fuseau granulométrique - grave bitume (0/20) mm-

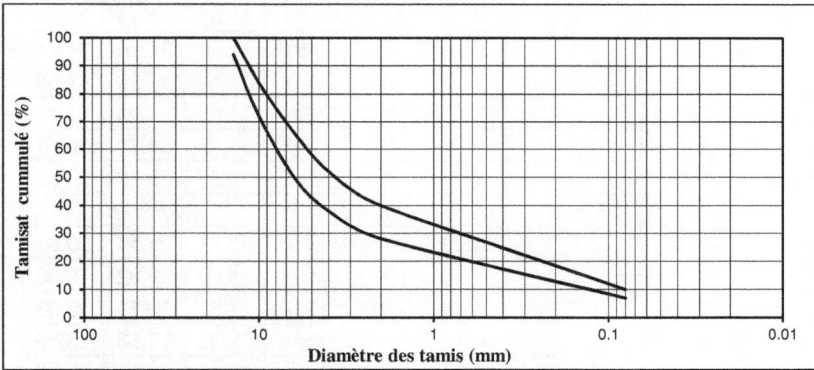

Figure 5.AI. Fuseau de référence SETRA LCPC- couche de roulement (0/14) mm-

Formulation Teneur en liant (%)	Ajout de caoutchouc en (%)	stabilité Marshall (KN)			Fluage (1/10) (mm)		
		Essai 1	Essai 2	Essai 3	Essai 1	Essai 2	Essai 3
Formulation A 5.80%	0	903	900	898	35.02	35.09	35.10
	1	907	905	903	35.05	34.87	34.68
	2	910	908	908	34.97	34.68	34.49
	3	911	912	913	34.62	34.53	34.28
	4	914	915	914	34.38	34.25	34.19
	5	916	917	918	34.27	34.14	34.09
	6	////////////////////			//////////		
	7	////////////////////			//////////		
	10	////////////////////			//////////		
Formulation B 6.14%	0	957	958	959	32.08	32.15	32.29
	1	960	965	960	31.80	31.70	31.91
	2	972	970	973	31.50	31.30	31.69
	3	986	980	985	31.06	30.93	31.25
	4	987	985	980	30.93	30.70	30.87
	5	995	990	992	30.87	30.50	30.63
	6-7-10	////////////////////			//////////		
Formulation C 6.39%	0	1000	1020	1030	29.54	29.59	29.61
	1	1050	1070	1090	28.80	29.02	29.08
	2	1080	1100	1110	28.50	30.79	29.03
	3	1147	1150	1154	28.32	28.50	28.60
	4	1170	1170	1190	27.93	28.15	28.57
	5	1210	1200	1215	26.96	27.23	27.50
	6-7-10	////////////////////			//////////		
Formulation D 6.65%	0	875	880	890	34.63	34.89	34.35
	1	903	900	905	33.87	33.81	33.98
	2	913	915	915	33.59	33.42	33.86
	3	918	922	920	33.27	33.17	33.53
	4	928	929	930	33.08	32.97	33.41
	5	935	935	936	32.89	32.69	33.23
	6-7-10	////////////////////			//////////		

Tableau 1.AI. Résultats des essais Marshall en fonction de la teneur en liant et du pourcentage du caoutchouc rajouté (couche de roulement).

Formulation	Ajout de caoutchouc %	Résistance après 7j à l'air à 18°C (R) (bars)			Résistance après 7j en immersion à 18°C (r') (bars)			Rapport (r'/R)		
		Essai 1	Essai 2	Essai 3	Essai 1	Essai 2	Essai 3	Essai 1	Essai 2	Essai 3
Formulation A 5.80%	0	72.10	72.00	72.30	53.45	53.50	53.52	0.741	0.743	0.740
	1	72.50	72.50	72.60	54.00	53.80	53.75	0.745	0.742	0.740
	2	72.70	72.80	73.00	54.25	54.30	54.10	0.746	0.746	0.741
	3	73.40	73.30	73.50	54.50	54.55	54.66	0.743	0.744	0.744
	4	73.70	73.80	73.90	54.70	54.70	55.00	0.742	0.741	0.744
	5	74.20	74.00	74.40	55.20	55.00	55.30	0.744	0.743	0.743
	6-7-10	/////////////////////			///////////					
Formulation B 6.14%	0	74.35	74.50	74.30	55.60	55.00	56.00	0.748	0.738	0.754
	1	74.67	74.70	74.80	56.00	55.80	56.35	0.750	0.747	0.753
	2	74.85	74.90	74.92	56.50	56.80	56.40	0.755	0.758	0.753
	3	75.00	75.15	75.10	57.15	57.50	57.30	0.762	0.765	0.763
	4	75.20	75.25	75.25	57.45	57.70	57.80	0.764	0.767	0.768
	5	75.70	75.47	76.00	57.65	57.50	58.10	0.762	0.762	0.764
	6-7-10	/////////////////////			///////////					
Formulation C 6.39%	0	75.10	75.20	75.00	58.30	58.50	58.00	0.776	0.778	0.773
	1	75.50	75.70	75.25	58.50	58.70	58.50	0.775	0.775	0.777
	2	75.90	76.00	75.80	58.72	58.80	58.75	0.774	0.774	0.775
	3	76.35	76.40	76.25	59.00	59.30	59.00	0.773	0.776	0.774
	4	76.65	76.70	76.60	59.35	59.40	59.50	0.774	0.774	0.777
	5	76.85	77.00	76.75	59.5	59.70	60.00	0.774	0.775	0.782
	6-7-10	/////////////////////			///////////					
Formulation D 6.65%	0	74.20	74.00	74.35	57.00	56.95	57.00	0.768	0.770	0.767
	1	74.50	74.45	74.55	57.20	57.10	57.25	0.768	0.767	0.768
	2	74.56	74.70	74.75	57.50	57.45	57.47	0.771	0.769	0.769
	3	74.80	74.80	74.90	57.75	57.65	57.80	0.772	0.771	0.772
	4	75.35	75.25	75.10	57.85	57.70	57.85	0.768	0.767	0.770
	5	75.50	75.45	75.40	58.00	57.95	58.15	0.768	0.768	0.771
	6-7-10	/////////////////////			///////////					

Tableau 2.AI. Résultats des essais Duriez en fonction de la teneur en liant et du pourcentage du caoutchouc rajouté (couche de roulement).

Formulation Teneur en liant (%)	Ajout de caoutchouc en (%)	Compacité Marshall (%)			Compacité Duriez normal (%)		
		Essai 1	Essai 2	Essai 3	Essai 1	Essai 2	Essai 3
Formulation A 5.80%	0	94.689	94.606	94.647	93.776	93.859	93.651
	1	94.735	94.693	94.818	93.781	93.781	93.698
	2	94.820	94.778	94.820	93.949	93.991	93.825
	3	94.822	94.905	94.822	94.035	94.118	93.828
	4	94.828	95.114	95.031	94.120	94.161	93.954
	5	94.992	95.199	95.116	94.329	94.495	94.205
	6	94.629	94.960	94.795	93.970	93.893	93.859
	7	93.918	94.704	94.332	93.545	93.587	93.422
	10	93.001	93.207	93.022	93.001	93.084	92.878
Formulation B 6.14%	0	95.417	95.417	95.417	94.191	94.149	94.274
	1	95.420	95.379	95.296	94.196	94.154	94.237
	2	95.547	95.422	95.381	94.364	94.240	94.447
	3	95.632	95.632	95.507	94.490	94.408	94.532
	4	96.170	96.003	95.878	94.534	94.451	94.576
	5	96.222	96.176	96.093	94.536	94.454	94.578
	6	95.574	95.491	95.117	94.432	94.105	94.232
	7	95.139	95.056	94.682	94.042	93.877	94.166
	10	94.479	94.562	94.147	93.331	93.125	93.495
Formulation C 6.39%	0	96.234	96.234	96.234	94.606	94.689	94.564
	1	96.282	96.366	96.241	94.693	94.776	94.652
	2	96.493	96.660	96.409	94.861	94.985	94.737
	3	96.578	96.786	96.661	95.029	95.153	94.905
	4	96.621	96.829	96.746	95.280	95.487	95.072
	5	96.706	96.914	96.872	95.571	95.613	95.406
	6	96.331	96.700	96.377	95.264	95.340	95.321
	7	95.792	95.375	95.875	94.870	95.118	94.787
	10	95.379	94.963	95.462	94.236	94.319	94.154
Formulation D 6.65%	0	97.059	97.059	97.059	95.021	94.979	95.145
	1	96.984	97.109	97.235	95.025	94.942	95.191
	2	97.111	97.236	97.404	95.193	95.027	95.358
	3	97.154	97.321	97.405	95.526	95.236	95.692
	4	97.238	97.448	97.573	95.694	95.487	95.859
	5	97.281	97.491	97.616	95.778	95.654	95.985
	6	97.056	96.638	97.140	95.543	95.053	95.465
	7	96.363	96.488	96.656	95.118	94.994	95.573
	10	95.407	95.699	95.783	94.319	94.195	94.607

Tableau 3.AI. Résultats de la compacité des essais Marshall et Duriez en fonction de la teneur en liant et du pourcentage du caoutchouc rajouté (couche de roulement).

Formulation	Ajout de caoutchouc %	Résistance après 7j à l'air à 18°C (R) (bars)			Résistance après 7j en immersion à 18°C (r') (bars)			Rapport r'/R		
		Essai 1	Essai 2	Essai 3	Essai 1	Essai 2	Essai 3	Essai 1	Essai 2	Essai 3
Formulation E 3.56%	0	61.95	61.75	62.20	39.82	39.52	39.95	0.643	0.640	0.642
	1	62.35	62.10	62.50	40.15	40.00	40.25	0.644	0.644	0.644
	2	62.56	62.40	62.70	40.25	40.15	40.35	0.643	0.643	0.644
	3	62.75	62.60	62.90	40.36	40.03	40.50	0.643	0.639	0.644
	4-5-6-7-10	////////////////			////////////////			////////////////		
Formulation F 3.80%	0	64.00	64.45	63.98	43.01	42.85	43.10	0.672	0.665	0.674
	1	64.45	64.6	65.30	43.12	43.18	43.30	0.669	0.668	0.663
	2	64.67	64.90	64.50	43.45	43.35	43.51	0.672	0.668	0.675
	3	64.75	64.60	65.00	43.52	43.40	43.70	0.672	0.672	0.672
	4-5-6-7-10	////////////////			////////////////			////////////////		
Formulation G 4.05%	0	66.40	66.48	66.00	47.20	47.54	47.00	0.711	0.715	0.712
	1	66.52	66.70	66.25	47.32	47.67	47.00	0.711	0.715	0.709
	2	66.75	67.30	67.00	47.56	47.45	47.87	0.713	0.705	0.714
	3	66.87	66.80	67.25	47.65	47.50	48.00	0.713	0.711	0.714
	4-5-6-7-10	////////////////			////////////////			////////////////		
Formulation H 4.30%	0	62.00	62.10	61.93	42.01	41.85	42.09	0.678	0.674	0.680
	1	62.25	62.15	62.29	42.15	42.26	41.90	0.677	0.680	0.673
	2	62.39	62.40	62.32	42.25	42.34	42.00	0.677	0.679	0.674
	3	62.45	62.56	62.41	42.36	42.10	42.65	0.678	0.673	0.683
	4-5-6-7-10	////////////////			////////////////			////////////////		

Tableau 4.AI. Résultats des essais Duriez dilaté en fonction de la teneur en liant et du pourcentage du caoutchouc rajouté (couche de base).

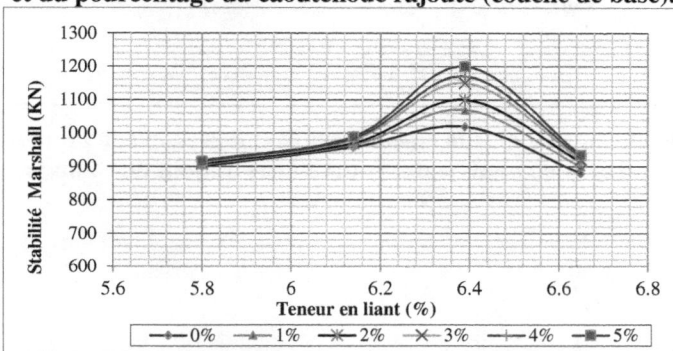

Figure 6.AI. Variation de la stabilité Marshall, en fonction de la teneur en liant et du pourcentage d'ajout du caoutchouc (couche de roulement).

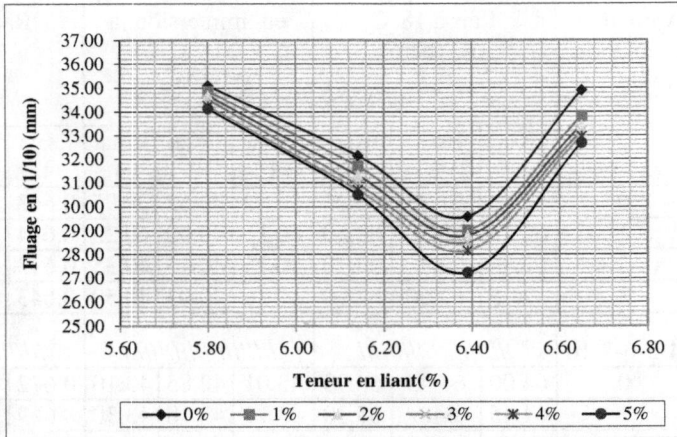

Figure 7.AI. Variation du fluage, en fonction de la teneur en liant et du pourcentage d'ajout du caoutchouc (couche de roulement).

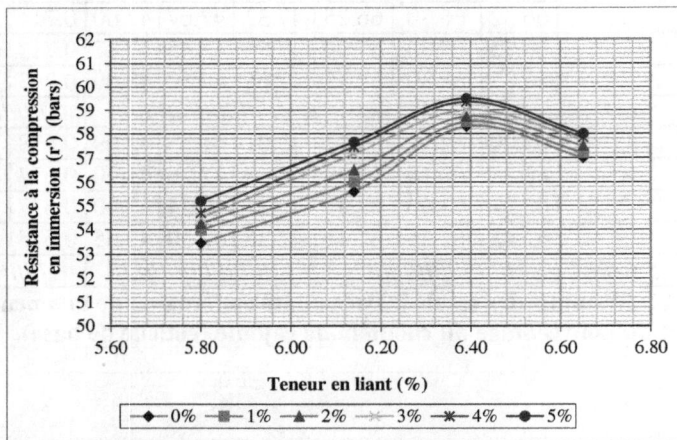

Figure 8.AI. Variation de la résistance à la compression en immersion, en fonction de la teneur en liant et du pourcentage d'ajout du caoutchouc (couche de roulement).

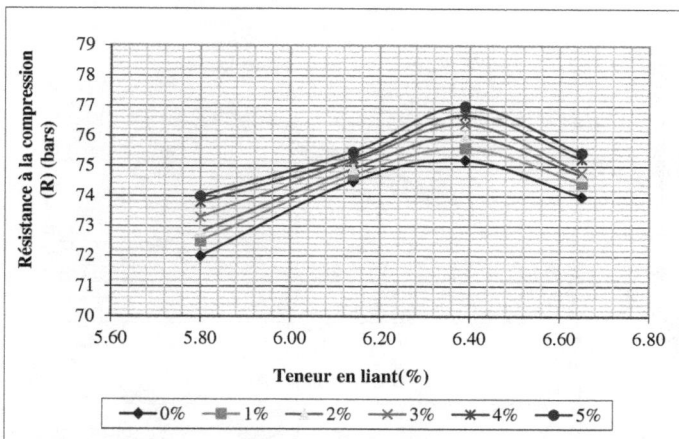

Figure 9.AI. Variation de la résistance à la compression à l'air, en fonction de la teneur en liant et du pourcentage d'ajout du caoutchouc (couche de roulement).

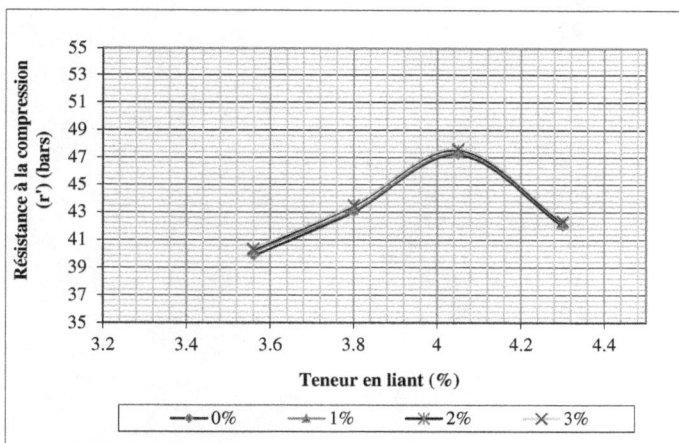

Figure 10.AI. Variation de la résistance à la compression en immersion, en fonction de la teneur en liant et du pourcentage d'ajout du caoutchouc. (Couche de base).

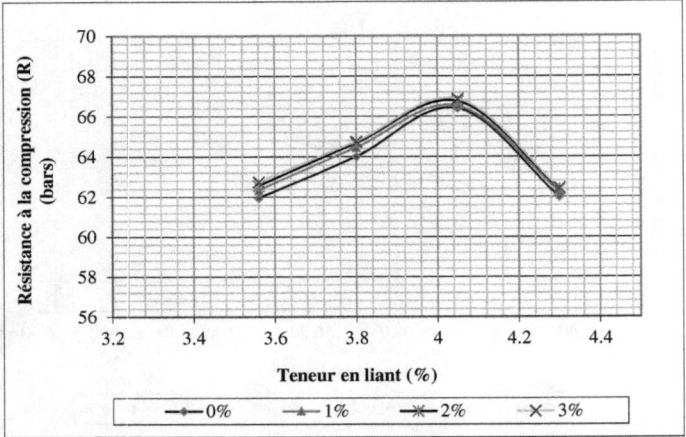

Figure 11.AI. Variation de la résistance à la compression à l'air, en fonction de la teneur en liant et du pourcentage d'ajout du caoutchouc (couche de base).

Annexe II

Trafic PL	Renforcements Sous Circulation	Chaussées neuves	
		Base de chaussées noires Fondation de chaussées en béton	Fondation de chaussée noire
< 100	> 40 %	> 25 %	grave entièrement roulée
100 à 500	> 60 %	> 25 %	
500 à 1000	> 100 %	> 40 %	> 25 %
> 1000	///////////	> 60 %	

Tableau 1.AII. Les pourcentages de concassés minimaux à utiliser pour une grave –ciment (*Source [Jeuffroy, 1974]*).

Trafic PL	Renforcements	Chaussées neuves	
		Base de chaussées noire Fondation de chaussées en béton	Fondation de chaussée noire
< 100	LA < 35	LA < 35	LA < 40
100 à 500	LA < 30	LA < 35	LA < 40
500 à 1000	LA < 30	LA < 30	LA < 40
> 1000	///////////	LA < 30	LA < 40

Tableau 2.AII. Les valeurs du coefficient Los Angeles des granulats pour une grave –ciment (*Source [Jeuffroy, 1974]*).

Trafic PL	Renforcements		Chaussées neuves	
	Minimal	Conseillé	Base de chaussées noires Fondation de chaussées en béton	Fondation de chaussée noire
< 100	>25 %	> 40 %	> 25 %	à la rigueur grave entièrement roulée
100 à 500	> 40 %	> 60 %	> 25 %	> 25 %
500 à 1000	100 %	100 %	> 40 %	
> 1000	100 %	100 %	> 60 %	

Tableau 3.AII. Les pourcentages de concassés minimaux à utiliser pour une grave –bitume (Source [Jeuffroy, 1974]).

Trafic (PL ≥ g)	Renforcements	Chaussées neuves	
		Base de chaussées noires Fondation de chaussées en béton	Fondation de chaussée noire
< 150	< 30	< 30	< 40
150 à 600	< 25	< 30	< 40
> 600	< 25	< 25	< 40

Tableau 4.AII. Les valeurs du coefficient Los Angeles des granulats pour une grave –bitume *(Source [Directive pour la réalisation des assises de chaussées en graves-bitume et sables-bitume, 1972).*

Qualité	180 / 220	100 / 120	80 / 100	60 / 70	40 / 50	20 / 30
Point de ramollissement (bille et anneau)	34 à 43	39 à 48	41 à 51	43 à 56	47 à 60	52 à 65
Pénétration (25° C, 100 g / 5 secondes)	180 - 220	100 - 120	80 -100	60 - 70	40 - 50	20 - 30
Densité à 25°C	1 - 1.007	1 - 1.07	1 - 1.07	1 - 1.1	1 - 1.1	1 - 1.1
Perte à la chaleur pendant 5 heures à 163° C	< 2%	< 2%	< 2%	< 1%	< 1%	< 1%
Pénétration restante après perte à la chaleur, rapportée à la pénétration initiale.	> 70 %	> 70 %	> 70 %	> 70 %	> 70 %	> 70 %
Point d'inflammabilité Cleveland	> 230°C	> 230°C	>230°C	>230°C	>250°C	>250°C
Ductilité à 25° C	> 100	> 100	> 100	> 80	> 60	> 25
Teneur en paraffine			< 4.5%			

Tableau 5.AII. Les spécifications françaises relatives aux bitumes routiers
(*Source [Jeuffroy, 1974]*)

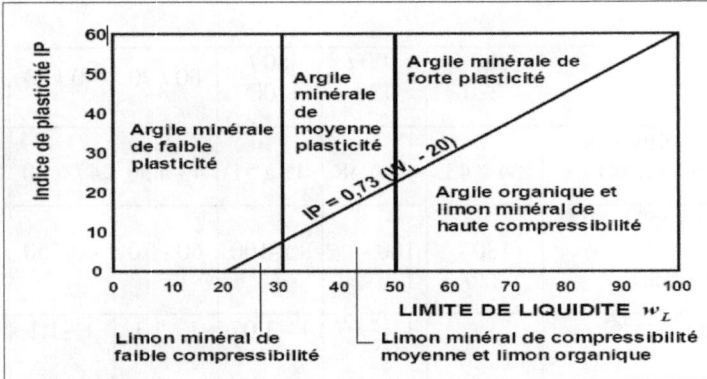

Figure 1.AII. Classification des sols fins selon Casagrande

	Couche de base		Couche de fondation
Essai d'immersion-compression à 18°C Compacité L.C.P.C en % minimale .... maximale..............	88 96		85 96
Resistance à la compression en bars	avec indice de concassage ≥ 85	avec indice de concassage < 85	
- avec bitume 60/70 - avec bitume 40/50	>50 >60	>40 >50	>30 >40
Rapport immersion/compression	> 0.65		> 0.65

Tableau 6.AII. Les spécifications relatives aux graves bitumes 0/20mm et 0/31.5mm *(Source [Directive pour la réalisation des assises de chaussées en graves-bitume et sables-bitume, 1972]).*

	Couche de liaison	Couche de roulement
Essai d'immersion-compression Compacité L.C.P.C en %		
minimale	90	92
maximale..............	94	96
Resistance à la compression en bars		
- avec bitume 80/100	> 50	> 50
- avec bitume 60/70	> 60	> 60
- avec bitume 40/50	> 70	> 70
Rapport immersion/compression	> 0.75	> 0.75
Compacité Marshall en % maximale..............	95	96

Tableau 7.AII. Les spécifications relatives aux bétons bitumineux 0/10mm et 0/14mm *(Source [Directive pour la réalisation des couches de surface de chaussée en béton bitumineux, 1969]).*

More Books!

yes

Oui, je veux morebooks!

i want morebooks!

Buy your books fast and straightforward online - at one of world's fastest growing online book stores! Environmentally sound due to Print-on-Demand technologies.

Buy your books online at

www.get-morebooks.com

Achetez vos livres en ligne, vite et bien, sur l'une des librairies en ligne les plus performantes au monde!
En protégeant nos ressources et notre environnement grâce à l'impression à la demande.

La librairie en ligne pour acheter plus vite

www.morebooks.fr

VDM Verlagsservicegesellschaft mbH
Heinrich-Böcking-Str. 6-8   Telefon: +49 681 3720 174   info@vdm-vsg.de
D - 66121 Saarbrücken   Telefax: +49 681 3720 1749   www.vdm-vsg.de

www.ingramcontent.com/pod-product-compliance
Lightning Source LLC
Chambersburg PA
CBHW021059210326
41598CB00016B/1266

* 9 7 8 3 8 3 8 1 4 0 4 2 1 *